几种概念格的构造理论及不确定性分析

钱 婷　贺晓丽◎著

中国石化出版社

图书在版编目（CIP）数据

几种概念格的构造理论及不确定性分析 / 钱婷，贺晓丽著. —北京：中国石化出版社，2019.9
ISBN 978-7-5114-5513-0

Ⅰ.①几… Ⅱ.①钱… ②贺… Ⅲ.①人工智能-应用 Ⅳ.①TP18

中国版本图书馆 CIP 数据核字（2019）第 211897 号

中国石化出版社出版发行
地址:北京市东城区安定门外大街 58 号
邮编:100011　电话:(010)57512500
发行部电话:(010)57512575
http://www.sinopec-press.com
E-mail:press@sinopec.com
北京艾普海德印刷有限公司印刷
全国各地新华书店经销
*
850×1168 毫米 32 开本 6 印张 209 千字
2019 年 10 月第 1 版　2019 年 10 月第 1 次印刷
定价:38.00 元

前　　言

自19世纪以来，格理论得到迅速发展，产生了丰富的理论成果。但到20世纪60～70年代，格理论间的联系变得相对较弱，甚至它们各部分之间变得相对孤立。格理论专家 Birkhoff 提出"What can the lattice do for you?"这样的问题。为了增进格理论专家与格理论潜在应用者之间的交流，德国数学家 Wille 于1982年提出重建格理论，之后结合哲学中概念及其层次结构的定义，提出了形式概念分析理论。

形式概念分析从被提出至今已经有三十多年的历史。结合信息时代的特点以及不同理论相结合、相融合的研究理念，再加上形式概念的特殊性及其语义，使得其自身有诸多有意义的问题有待研究。目前，形式概念分析已经演变成相对独立的研究分支。形式概念分析通过内涵和外延的依赖关系及概念的层次关系直观简洁地反映了隐藏在数据集中的信息，所以近年来它在中医药成分分析、专家系统、数据挖掘以及软件工程等领域得到了广泛应用，已经成为数据分析和知识发现的有效工具。目前，形式概念分析主要有以下几个方面的研究：概念格的构造、约简理论（属性约简及格压缩）、规则提取以及与其他理论的结合研究，而概念格构造始终是研究热点且是一个难题。不同研究者从不同的角度研究概念格构造。一方面，概念格构造关键在于概念的获取。为此，努力减少概念的计算量是一个可取的研究方向。另一方面，基于2006年在德累斯顿举行的形式概念分析国际会议提出的“怎样把背景分解转化为概念格分解”公开问题，通过背景分解研究概念格构造也是一个可取的研究角度。进一步，怎样分解背景，才能使得在计算机上实现并行运算，这是一个急需解决且具有深远意义的研究问题。

形式概念分析与其他理论相结合，也相继产生了不同的概念格模型。而对于这些模型的格构造问题也随之变成了值得深思的问题。Yao给出三支决策理论的统一框架描述之后，三支决策理论在决策问题上产生了很好的现实意义。因此，2014年，祁建军等结合三支决策理论与形式概念分析理论提出三支概念分析理论。将形式概念拓展为三支概念，很好地嵌入了三支决策理论中“三分”的思想。在三支概念中，对象（属性）共同具有的属性（对象）被视为接受的部分，对象（属性）共同不具有的属性（对象）被视为拒绝的部分，这种反映数据隐藏知识的工具更有利于知识发现以及做决策。而研究三支概念分析中三支概念格的形成、构造，以及与粗糙算子和形式概念分析中概念格之间的关系则是三支概念分析最基础的问题。

无论形式概念分析还是三支概念分析均是基于经典形式背景下提出的理论。对于带有不确定信息的数据，这些仅来源于经典形式背景的理论就显得爱莫能助了。而模糊集以及区间集理论是挖掘不确定信息的有力工具。因此，将形式概念分析与模糊集、区间集进行结合来处理不确定信息也是一项有意义的研究。

着眼于上述问题及考虑，本书着重讨论了几种概念格的构造问题以及不确定性分析。

我们将这似乎是简单的研究成果不揣冒昧地公布出来，旨在引起大家对形式概念分析理论中的建格方法以及不确定性信息分析方法的关注，并向大家学习请教，希望这一理论能沿着正确的方向发展，并能在诸如数据分析、聚类分析等方面得到一定的应用。

全书由钱婷、贺晓丽共同撰写完成，其中第 1 章至第 4 章由钱婷撰写，第 5 章至第 7 章由贺晓丽撰写。第 1 章是基础知识，扼要介绍所涉及的格理论、形式概念分析理论、三支概念分析理论以及区间集理论。第 2 章从微观和宏观两个角度研究经典概念格的构造，即基于层次结构构造经典概念格和基于背景分解构造经典概念格。第 3 章主要研究对象导出三支概念格与属性导出三支概念格的构造问题。第 4 章将三支决策思想与模态逻辑相结合，给出三支面向对象（属性）概念格，并利用第 3 章构造格的方法研究三支面向对象（属性）概念格的构造问题。第 5 章将三支决策思想与模糊集理论结合，引入了一种新的形式概念分析模型——*L*-模糊三支概念格，并给出基于 *L*-模糊三支概念格的模糊推理方法。第 6 章用区间集描述形式概念分析中的信息的不完备性和不确定性，给出了区间集概念格的性质及构造方法，并给出了面向对象（属性）区间集概念格的定义、性质及构造；最后用多粒度的思想研究了区间形式的概念格。第 7 章通过分析经典概念格、三支概念格、面向对象（属性）概念格、三支面向对象（属性）概念格、*L*-模糊三支概念格以及区间形式的概念格的产生，从元素、集合、代数结构的角度讨论了几种概念格之间的关系。

在本书即将出版之际，笔者要特别感谢导师魏玲教授。我们相继跟随恩师魏教授学习，得到了恩师的悉心指导。她的谆谆教诲和鼓励是我们不断进取的力量源泉与宝贵财富。

在近年来的研究中，笔者还先后得到了许多老师和学者的指导与帮助。在此，特别感谢西安电子科技大学祁建军教授、昆明理工大学李金海教授、西安石油大学折延宏教授。

最后，感谢西安石油大学优秀学术著作出版基金、国家自然科学基金项目（No. 11801440，No. 61976244）、陕西省创新人才推进计划－青年科技新星项目（No. 2017. KJXX－60）、陕西省自然科学基础研究计划项目（No. 19JQ－816）、陕西省教育厅项目（No. 18JK0625，No. 18JK0627）对本书出版所提供的资助。

本书是笔者近年来围绕几种概念格所做研究工作的阶段性总结，但由于水平有限，书中难免存在疏漏与不妥之处，敬请各位专家与读者批评指正。

目　录

第 1 章　基础知识

本章首先介绍形式概念分析的起源及现状，其次介绍本书的研究背景，最后回顾格论，形式概念分析以及相关的基本知识。

1.1　研究现状

1.1.1　起源及现状

从 19 世纪以来，格理论迅速发展，产生了丰富的理论概念及理论成果。但到 20 世纪 60 ~ 70 年代，格理论间的联系变得相对较弱，甚至它们各部分之间变得相对孤立。Henting 讨论了人类与科学的现状，他提出为了使理论的起源、联系、解释以及应用整体化、合理化，理论需要重建。格理论专家 Birkhoff 在文献中提出“What can the lattice do for you?”为了增进格理论专家与格理论潜在应用者之间的交流，德国数学家 Wille 提出重建格理论。为此，追溯格概念的起源，结合哲学中概念及其层次结构的定义，Wille 于 1982 在文献中提出了形式概念分析理论。

形式概念分析的理论基础是一个三元组 - 形式背景 (G, M, I)，其中 G 为对象集，M 为属性集，I 为对象集与属性集间的二元关系。在对象集与属性集间通过一对伽略瓦连接，获得形式概念 (X, A)，其中 X 是概念的外延，即属于这个概念的所有对象的集合；而 A 是概念的内涵，即所有这些对象共同具有的属性构成的集合。这种关于概念的数学化描述实现了对哲学中概念理解的形式化。视概念之间的泛化与例化关系为一种偏序关系，进而所有概念的集合恰恰构成一个完备格，称此格为概念格。概念格结构模型是形式概念分析理论中的核心数据结构：一方面它描述了对象与属性之间的联系，另一方面它刻画了概念间的泛化与例化关系。从而，其相应的 Hasse 图则实现了对数据的可视化。

形式概念分析从被提出至今已经有三十四年的历史。从原来不受关注，仅有少许理论研究成果，到现在广受各领域学者的青睐，已经取得了丰富的理论及应用研究成果。目前，形式概念分析与多种学科融合交叉已是数据分析和知识发现的有效工具。形式概念分析通过内涵和外延的依赖关系及概念的层次关系直观、简洁地反映了隐藏在数据集中的信息，所以近年来它在中医药成分分析、专家系统、数据挖掘，以及软件工程等领域得到了广泛的应用。目前，形式概念分析有以下四个方面的理论研究热点。

1）概念格的构造

将形式概念分析应用于数据分析及知识发现，首先要构造概念格，而构造概念格的关键就是概念的获取，当对象的个数是 n 及属性的个数是 m 时，需要计算 2^k 次才能获得所有的概念，其中，$k=\min\{n, m\}$。显然这是一个 NP 难问题。2006 年，在第四次形式概念分析国际会议上，怎样处理大的形式背景作为公开问题被提出，处理大形式背景的难处就在于概念格构造。因此，概念格的构造是一个热门的研究课题。概念格的构造问题主要涉及以下两方面的研究：设计有效的新的构格算法与改进已有的构格算法，1984 年，Ganter 利用自然词法顺序检测重复计算的概念，提出两种最基本的构格算法。Kuznetsov 认为自然词法顺序可以检测重复计算的概念，其一定可以检测概念的辞典编纂的等级以便确定是否已经被计算。于是，其于 2002 年在文献中详细说明了一种实现工具，提出了 Close-by-One（CbO）。这个算法是各种变异和改进算法的基础。最近，Andrews 在文献中利用“Best-of-Breed”的方法设计了快速求概念的算法 In-Close3 并且把其与算法 CbO、FCbO、In-Close 以及 In-Close2 进行比较。1991 年，Ganter 与 Reuter 在文献中提出 Next Closure 算法。后来，Fu 与 Nguifo 对此算法进行了并行计算与设计。Godin 最早提出增量式算法，后来增量式算法相继被研究。2015 年，Zou 等通过改善固定格的序关系以及寻找规范的产生器这两个方面细化了增量式算法。

2）概念格约简

当形式背景很大或概念格很大，数据的可视化将会受到影响。另外，在处理一些问题时，并不需要所有的对象、属性以及概念。也就是说，在此类问题处理时，可删除冗余的对象、属性和概念。因此，概念格约简也被许多学者专家研究。概念格约简包括两方面的内容：一方面处理特定问题时，对对象和属性的约简。例如，Ganter 和 Wille 在文献中以保持概念格结构不变，删除一些对象和属性。之后，Zhang 与 Wei 等在文献中继续研究了保持概念格结构不变的约简并根据在约简中属性不同的地位给出了属性特征以及属性特征的等价刻画。2015 年，Wan 与 Wei 提出用直观图的方法研究保持概念格不变的约简。另外，Wang 等在文献中提出保持交不可约元不变，对对象及属性约简。类似地，保持并不可约元不变，删除一些对象和属性，以及保持对象概念（粒）不变，删除对象及属性也已被研究。还有些学者研究决策形式背景保持规则不变，删除对象与属性。另一方面是对所有概念依据特定指令的筛选，有些学者称之为概念格压缩。Belohlavek 和 Macko 提出用权重选择重要概念，进而简化概念格。Wan 和

Wei 提出利用近似性筛选概念以简化概念格。还有一些学者，使用粗糙集的方法，聚类的方法来研究形式背景的约简，或通过一些其他的准则来实现简化。

3）蕴含和规则

若形式背景已知，那么就很容易对它进行概念分析。若没有形式背景，但也需应用概念进行数据分析时，那么我们只能通过属性蕴含先获取概念。所谓的属性蕴含，就是属性集与属性集之间的依赖关系。Ganter 和 Wille 在文献中提出了属性蕴含的定义，以刻画属性间的关系。Guigues 和 Duquenne 在文献中证明了形式背景中属性集有限，一定存在一个完备的非冗余的蕴含集，后来学者称此为 Duquenne-Guigues 基。Godin 和 Missaoui 在文献中利用最大元的方法提取蕴含。另外，在文献中利用闭标记获取蕴含。2007 年，Qu 等把蕴含扩展到决策形式背景上研究，规则的定义被提出。随后，决策形式背景的规则提取受到很多学者的关注。例如，Li 等在文献中研究了在不完备决策形式背景上给出规则获取的方法。

4）概念格与其他理论的结合

目前，形式概念分析通过与其他理论结合，产生了一系列概念格的扩展模型。Düntsch 和 Gediga 在文献中把粗糙集中的上下近似引入形式概念分析，提出了面向属性概念格。类似地，Yao 给出了面向对象概念格的定义。后来，这两种概念格模型也被许多学者所研究。与模糊集结合，模糊概念格被提出。在此基础上，Medina 等研究了多伴随概念格。结合 AFS 代数，Wang 和 Liu 提出了 AFS 概念格并且其在文中说明了 AFS 概念格是单调概念格的推广。结合三支决策，Qi 等提出了三支概念格。进一步，He 等将三支概念格推广到模糊情形，提出了 L-模糊三支概念格。

与区间集理论结合，产生了一系列的区间形式的概念格理论。Ma 等提出了区间集概念格。在此基础上，Qian 等给出了区间集概念格的构造方法。Yao 等提出了几种形式的区间概念。He 等提出了面向属性区间集概念格并研究了相应的性质及构造方法。

另外，Wille 等结合 Peirce 提出的三个论域范畴的实用主义哲学，给出了三元概念格，虽然目前关于三元概念分析已有一定的研究成果，但是相关理论和方法还有待进一步完善。

1.1.2　研究背景

根据形式概念分析研究现状，我们了解到概念格构造始终是研究热点且不同人从不同的角度研究了概念格构造。概念格构造关键在于概念的获取。为此，努力减少概念的计算量是一个可取的研究方向。另外，2006 年在德累斯顿举行的形式概念分析国际会议上，“怎样把背景分解转化为概念格分解”这样一个公开问题被提出。因此，通过背景分解研究概念格构造也是一个可取的研究角度。Qi 等从子背景以及划分的角度研究了获取所有概念的方法。但他们给出的分解并不能在计算机上实现并行运算。怎样分解背景，才能使得在计算机上实现并行运算，这是一个急需解决且有深远意义的研究问题。

与其他理论相结合也是形式概念分析的研究热点之一。例如，结合粗糙集理论，Yao 提出了面向对象概念格。另外，三支决策在决策问题上有现实的意义且是近三年来研究的热点之一。自 Yao 在文献中给出三支决策的统一框架描述之后，大量的三支决策的文章出现。三支概念格是 Qi 等于 2014 年结合三支决策与概念格提出的。三支概念中，对象（属性）共同具有的属性（对象）被视为接受的部分，对象（属性）共同不具有的属性（对象）被视为拒绝的部分，这种反映数据隐藏知识的工具更有利于知识发现以及做决策。三支概念格提出后，它与概念格的关系以及构造问题都需要解决。类似地，三支决策与面向对象（属性）概念格结合，也是一个有意义的研究问题。面向对象（属性）概念格以及三支概念格均是基于经典形式背景下提出的理论。因此，理论研究仅限于在经典形式背景，但有些数据带有一定的不确定信息，因此，利用模糊集以及区间集理论挖掘不确定信息也是一个值得研究的方向。

着眼于上述问题，本书着重讨论了几种概念格的构造问题以及不确定性分析。

1.2 基础理论

1.2.1 格论基础理论

偏序集与格论在粗糙集、形式概念分析及模糊数学等领域中有着广泛的应用，是非常重要的数学工具。本节主要介绍与本书相关的格论的基本知识。

定义 1.2.1 设 S 为集合，“$\leqslant$”为其上的二元关系。若对任意的 x，y，$z \in S$，满足下列条件，则称 $\leqslant$ 为 S 上的偏序关系。

（1）自反性：$x \leqslant x$。

（2）反对称性：$x \leqslant y$ 且 $y \leqslant x \Rightarrow x = y$。

（3）传递性：$x \leqslant y$ 且 $y \leqslant z \Rightarrow x \leqslant z$。

定义 1.2.2 设 S 为集合，“$\leqslant$”为其上的偏序关系，则称（S，$\leqslant$）为偏序集。当上下文中的偏序关系清楚时，我们用 S 替代（S，$\leqslant$）。

定义 1.2.3 设（S，$\leqslant_S$）和（T，$\leqslant_T$）为偏序集，φ 是 S 到 T 的映射。

(1) 若 $x \leqslant_S y \Rightarrow \varphi(x) \leqslant_T \varphi(y)$，则称 φ 为保序映射。

(2) 若 $x \leqslant_S y \Longleftrightarrow \varphi(x) \leqslant_T \varphi(y)$，则称 φ 为序嵌入。

(3) 若 φ 满足条件 (2) 且 φ 是满射，则称 φ 为序同构，记 $S \cong T$。

(4) 若 φ 满足条件 $x \leqslant_S y \Longleftrightarrow \varphi(x) \geqslant_T \varphi(y)$ 且 φ 是满射，则称 φ 为反序同构映射，记 $S \overset{\leftarrow}{\cong} T$。

定义 1.2.4　设 $(S, \leqslant_S)$ 和 $(T, \leqslant_T)$ 为偏序集，φ 是 S 到 T 的映射，ψ 是 T 到 S 的映射。若对于任意的 $x \in S$，$t \in T$，$\varphi(x) \leqslant_T t \Longleftrightarrow x \leqslant_S \psi(t)$，则称 (φ, ψ) 为 S 与 T 间的伽略瓦连接。

在文献中，两个偏序集集间的伽略瓦连接还有另外形式的定义，两种伽略瓦连接的定义是可以转化的。

定义 1.2.5　设 $(S, \leqslant_S)$ 和 $(T, \leqslant_T)$ 为偏序集，φ 是 S 到 T 的映射，ψ 是 T 到 S 的映射。若对于任意的 $x \in S$，$t \in T$，$x \leqslant_S \psi(t) \Longleftrightarrow t \leqslant_T \varphi(x)$，则称 (φ, ψ) 为 S 与 T 间的伽略瓦连接。

定义 1.2.6　设 $(L, \leqslant_L)$ 为偏序集。$A \subseteq L$ 的子集，$a \in L$。

(1) 若对于任意的 $x \in A$，都有 $x \leqslant_L a$，则称 a 为 A 的上界。

(2) 若 a 为 A 的上界且对于 A 的任意上界 t，都有 $a \leqslant_L t$，则称 a 为 A 的最小上界，简称为上确界，记作 $a = supA$ 或 $a = \vee A$。对偶地，A 的最大下界，即下确界可被定义，记作 $infA$ 或 $\wedge A$。

定义 1.2.7　设 $(L, \leqslant_L)$ 为偏序集。

(1) 若对于任意的 x，$y \in L$，$\{x, y\}$ 的下确界及上确界都存在，分别记作 $x \wedge y$ 及 $x \vee y$ 都存在，则称 $(L, \leqslant_L)$ 为格。

(2) 若对于任意的 $A \subseteq L$，A 的上确界及下确界都存在，则称 $(L, \leqslant_L)$ 为完备格。

定义 1.2.8　设 $(L, \leqslant_L)$ 和 $(K, \leqslant_K)$ 为格，φ 是 L 到 K 的映射。

（1）若 φ 是保 $\wedge$ 且保 $\vee$ 的，即对于任意的 x，$y \in L$，都有 $\varphi(x \wedge y) = \varphi(x) \wedge \varphi(y)$ 且 $\varphi(x \vee y) = \varphi(x) \vee \varphi(y)$，则称 φ 为格同态。

（2）若 φ 满足条件（1）且 φ 是双射，则称 φ 为格同构。

序同构与格同构有着紧密的联系。

定理 1.2.1 设 $(L, \leqslant_L)$ 和 $(K, \leqslant_K)$ 为格，则 φ 是 L 到 K 的序同构当且仅当 φ 是 L 到 K 的格同构。

1.2.2 形式概念分析基础理论

本节将介绍本书所需要的形式概念分析基本理论。

定义 1.2.9 称 (G, M, I) 为一个形式背景，其中 $G = \{g_1, \cdots, g_p\}$ 为对象集，每个 g_i $(i \leqslant p)$ 称为一个对象；$M = \{m_1, \cdots, m_q\}$ 为属性集，每个 m_j $(j \leqslant q)$ 称为一个属性；I 为 G 和 M 之间的二元关系，即 $I \subseteq G \times M$。若 $(g, m) \in I$，则表示对象 g 拥有属性 m，也记为 gIm。

在 $\mathcal{P}(G)$ 与 $\mathcal{P}(M)$ 之间，Wille 和 Ganter 定义了一对算子如下：对于任意的 $X \subseteq G$，$A \subseteq M$，

$$X^* = \{m \in M \mid \forall g \in X, gIm\},$$

$$A' = \{g \in G \mid \forall m \in A, gIm\}。$$

上述算子有如下性质。

性质 1.2.1 设 (G, M, I) 是一个形式背景。对任意的 X_1，X_2，$X \subseteq G$，A_1，A_2，$A \subseteq M$，下述基本结论成立：

（1）$X_1 \subseteq X_2 \Rightarrow X_2^* \subseteq X_1^*$，$A_1 \subseteq A_2 \Rightarrow A_2{}' \subseteq A'_1$。

（2）$X \subseteq X^{*\prime}$，$A \subseteq A'^{*}$。

（3）$X^* = X^{*\prime *}$，$A' = A'^{*\prime}$。

（4）$X \subseteq A' \Longleftrightarrow A \subseteq X^*$。

（5）$(X_1 \cup X_2)^* = X_1^* \cap X_2^*$，$(A_1 \cup A_2)' = A_1{}' \cap A'_2$。

(6) $(X_1 \cap X_2)^* \supseteq X_1^* \cup X_2^*$，$(A_1 \cap A_2)' \supseteq A'_1 \cup A_2'$。

为了简洁，对任意的 $g \in G$，我们记 $\{g\}^*$ 为 g^*，对任意的 $m \in M$，记 $\{m\}'$ 为 m'。若对任意的 $g \in G$，$m \in M$，都有 $g^* \neq \emptyset$，$g^* \neq M$，$m' \neq \emptyset$，$m' \neq G$，则称形式背景是正则的。

在上述算子的基础上，Wille 和 Ganter 针对哲学中的概念这一基本思维单元，对其进行了形式化描述，给出了形式概念的定义，并研究了它以及所有概念构成的集合的性质。

定义 1.2.10 设 (G, M, I) 是一个形式背景，$X \subseteq G$，$A \subseteq M$。若 $X^* = A$ 且 $A' = X$，则称 (X, A) 为形式概念，简称为概念。其中，X 称为概念的外延，A 称为概念的内涵。

性质 1.2.2 设 (G, M, I) 是一个形式背景。对任意的 $X \subseteq G$，$A \subseteq M$，则 $(X^{*\prime}, X^*)$ 和 (A', A'^*) 都是概念。

记形式背景 (G, M, I) 的所有概念构成的集合为 $\underline{\mathcal{B}}(G, M, I)$（或记为 $L(G, M, I)$），所有概念的外延构成的集合为 $\underline{\mathcal{B}}_G(G, M, I)$，所有概念的内涵构成的集合为 $\underline{\mathcal{B}}_M(G, M, I)$。在 $\underline{\mathcal{B}}(G, M, I)$ 上，定义如下的二元关系：对于任意的 (X_1, A_1)，$(X_2, A_2) \in \underline{\mathcal{B}}(G, M, I)$，

$$(X_1, A_1) \leqslant (X_2, A_2) \Longleftrightarrow X_1 \subseteq X_2 (\Longleftrightarrow A_1 \supseteq A_2)。$$

Wille 和 Ganter 在文献中已经证明了上述的二元关系“$\leqslant$”为偏序关系且 $(\underline{\mathcal{B}}(G, M, I), \leqslant)$ 为完备格，即任意两个概念的下确界和上确界分别为：

$$(X_1, A_1) \wedge (X_2, A_2) = (X_1 \cap X_2, (A_1 \cup A_2)'^*),$$

$$(X_1, A_1) \vee (X_2, A_2) = ((X_1 \cup X_2)^{*\prime}, A_1 \cap A_2)。$$

因为 $\underline{\mathcal{B}}(G, M, I)$ 中的每个元素都是 (G, M, I) 的形式概念，且 $(\underline{\mathcal{B}}(G, M, I), \leqslant)$ 为完备格，所以称 $\underline{\mathcal{B}}(G, M, I)$ 为 (G, M, I) 的概念格。为了后文叙述方便，我们称 Wille 提出的概念格为经典概念格。

定义 1.2.11 设 (G, M, I) 是一个形式背景，$I^c=(G\times M)\setminus I$。则称 (G, M, I^c) 是形式背景 (G, M, I) 的补背景。

例 1.2.1 表 1－1 为形式背景 (G, M, I)，根据定义 1.2.11，它的补背景 (G, M, I^c) 如表 1－2 所示。根据概念格的形成过程可得形式背景 (G, M, I) 相应的概念格与补背景 (G, M, I^c) 的概念格分别如图 1－1 与图 1－2 所示。

表 1－1 形式背景 (G, M, I)

G	a	b	c	d	e
1	×		×	×	×
2	×		×		
3		×			×
4	×				
5	×	×			×

表 1－2 补背景 (G, M, I^c)

G	a	b	c	d	e
1		×			
2		×		×	×
3	×		×	×	
4		×	×	×	×
5			×	×	

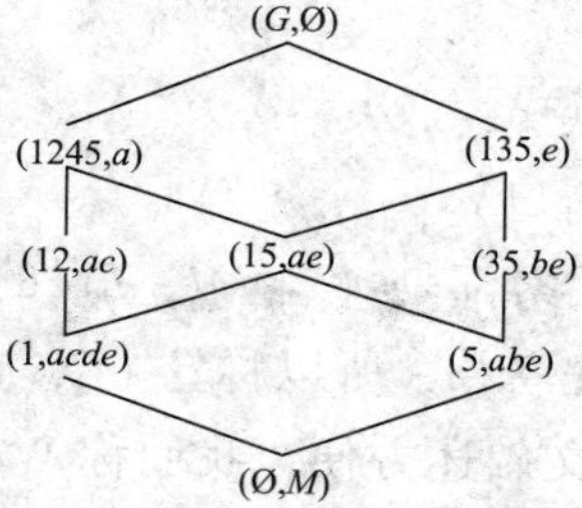

图 1－1 $L(G, M, I)$

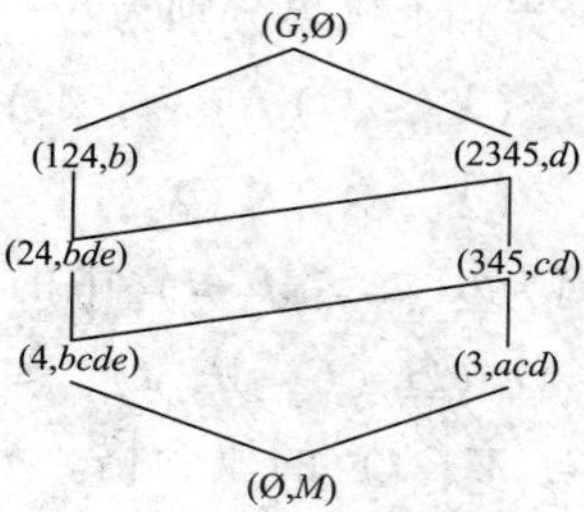

图 1－2 $L(G, M, I^c)$

1.2.3 面向对象概念格与面向属性概念格基础理论

面向对象概念格与面向属性概念格是形式概念分析与粗糙集结合的产物。本节将介绍本书中所需的面向对象概念格与面向属性概念格基础理论。

设 (G, M, I) 为形式背景，2002 年，Gediga 和 Düntsch 在文献中给出了$\mathcal{P}(G)$与$\mathcal{P}(M)$之间的一对算子□，◇如下：对任意的 $X \subseteq G$，$A \subseteq M$，

$$X^{\Diamond} = \{m \in M \mid m' \cap X \neq \emptyset\}, \ A^{\Box} = \{g \in G \mid g^{*} \subseteq A\}。$$

并且还研究了该对算子的性质。

性质 1.2.3 □和◇有以下性质：

(1) $X_1 \subseteq X_2 \Rightarrow X_1^{\Diamond} \subseteq X_2^{\Diamond}$。

(2) $A_1 \subseteq A_2 \Rightarrow A_1^{\Box} \subseteq A_2^{\Box}$。

(3) $X \subseteq X^{\Diamond\Box}$，$A^{\Box\Diamond} \subseteq A$。

(4) $X^{\Diamond\Box\Diamond} = X^{\Diamond}$，$A^{\Box\Diamond\Box} = A^{\Box}$。

(5) $(X_1 \cup X_2)^{\Diamond} = X_1^{\Diamond} \cup X_2^{\Diamond}$，$(A_1 \cap A_2)^{\Box} = A_1^{\Box} \cap A_2^{\Box}$。

在上述算子的基础上，Gediga 和 Düntsch 给出了面向属性概念的定义。

定义 1.2.12 设 (G, M, I) 为一个形式背景，$X \subseteq G$，$A \subseteq M$。若 $X^{\Diamond} = A$ 且 $A^{\Box} = X$，则称 (X, A) 为面向属性概念。其中，X 称为面向属性概念的外延，A 称为面向属性概念的内涵。

记形式背景 (G, M, I) 的所有面向属性概念的构成的集合为 $L_p(G, M, I)$，所有面向属性概念的外延构成的集合为 $L_{pG}(G, M, I)$ 以及所有面向属性概念的内涵构成的集合为 $L_{pM}(G, M, I)$。在 $L_p(G, M, I)$ 上，定义二元关系≤为：

$$(X_1, A_1) \leqslant (X_2, A_2) \Longleftrightarrow X_1 \subseteq X_2 \ (\Longleftrightarrow A_1 \subseteq A_2)。$$

Gediga 和 Düntsch 在文献中已经说明上述的二元关系“≤”

为偏序关系且（L_p（G，M，I），≤）为完备格，即任意两个概念（X_1，A_1），（X_2，A_2）的下确界和上确界为：

$$(X_1, A_1) \wedge (X_2, A_2) = (X_1 \cap X_2, (A_1 \cap A_2)^{\Box\Diamond}),$$

$$(X_1, A_1) \vee (X_2, A_2) = ((X_1 \cup X_2)^{\Diamond\Box}, A_1 \cup A_2)。$$

因为 L_p（G，M，I）中的每个元素都是（G，M，I）的面向属性概念，且（L_p（G，M，I），≤）为完备格，所以称 L_p（G，M，I）为（G，M，I）的面向属性概念格。

2004 年，Yao 在文献中将上述一对算子分别应用于$\mathcal{P}(G)$与$\mathcal{P}(M)$，即改变了上述□，◇的定义域与值义域。具体如下：对任意的 $X \subseteq G$，$A \subseteq M$，

$$X^{\Box} = \{m \in M \mid m' \subseteq X\},\ A^{\Diamond} = \{g \in G \mid g^* \cap A \neq \emptyset\}。$$

因此，此□，◇算子具有与前文所述相同的性质，具体如下：

性质 1.2.4　□和◇有以下性质：

（1）$X_1 \subseteq X_2 \Rightarrow X_1^{\Box} \subseteq X_2^{\Box}$。

（2）$A_1 \subseteq A_2 \Rightarrow A_1^{\Diamond} \subseteq A_2^{\Diamond}$。

（3）$X^{\Box\Diamond} \subseteq X$，$A \subseteq A^{\Diamond\Box}$。

（4）$X^{\Box\Diamond\Box} = X^{\Box}$，$A^{\Diamond\Box\Diamond} = A^{\Diamond}$。

（5）$(X_1 \cap X_2)^{\Box} = X_1^{\Box} \cap X_2^{\Box}$，$(A_1 \cup A_2)^{\Diamond} = A_1^{\Diamond} \cup A_2^{\Diamond}$。

在此算子的基础上，Yao 给出了面向对象概念的定义。

定义 1.2.13　设（G，M，I）为一个形式背景，$X \subseteq G$，$A \subseteq M$。若 $X^{\Box} = A$ 且 $A^{\Diamond} = X$，则称（X，A）为面向对象概念。其中，X 称为面向对象概念的外延，A 称为面向对象概念的内涵。

记（G，M，I）的所有面向对象概念构成的集合为 L_o(G，M，I)，所有面向对象概念的外延构成的集合为 L_{oG}（G，M，I）以及所有面向对象概念的内涵构成的集合为 L_{oM}（G，M，I）。在 L_o（G，M，I）上，定义二元关系≤为：

$$(X_1, A_1) \leq (X_2, A_2) \Leftrightarrow X_1 \subseteq X_2 (\Leftrightarrow A_1 \subseteq A_2)。$$

Yao 已经说明上述的二元关系"≤"为偏序关系且（$L_o(G, M, I), \leqslant$）为完备格，且任意两个概念（X_1, A_1），（X_2, A_2）的下确界和上确界为：

$$(X_1, A_1) \wedge (X_2, A_2) = ((X_1 \cap X_2)^{\Box\Diamond}, A_1 \cap A_2),$$

$$(X_1, A_1) \vee (X_2, A_2) = (X_1 \cup X_2, (A_1 \cup A_2)^{\Diamond\Box})。$$

同样地，因为 $L_o(G, M, I)$ 中的每个元素都是（G, M, I）的面向对象概念，且（$L_o(G, M, I), \leqslant$）为完备格，所以称 $L_o(G, M, I)$ 为（G, M, I）的面向对象概念格。

为了下面叙述方便，在面向属性概念格与面向对象概念格同时被提到时，我们称其为面向对象（属性）概念格。

经典概念格与面向对象（属性）概念格有着如下密切的关系：

定理 1.2.2　设（G, M, I）是一个形式背景，（G, M, I^c）为其补背景，其中 $I^c = (G \times M) \setminus I$。则 $L_p(G, M, I) \cong \underline{\mathcal{B}}(G, M, I^c)$，$L_o(G, M, I) \overset{\leftarrow}{\cong} \underline{\mathcal{B}}(G, M, I^c)$。

例 1.2.2（续例 1.2.1）　设形式背景（G, M, I）如表 1－1 所示。根据定义 1.2.12 和定义 1.2.13 可得到形式背景（G, M, I）相应的面向属性概念格和面向对象概念格分别如图 1－3 和图 1－4 所示。将此两图与图 1－2 比较，很容易验证定理 1.2.2 的正确性。

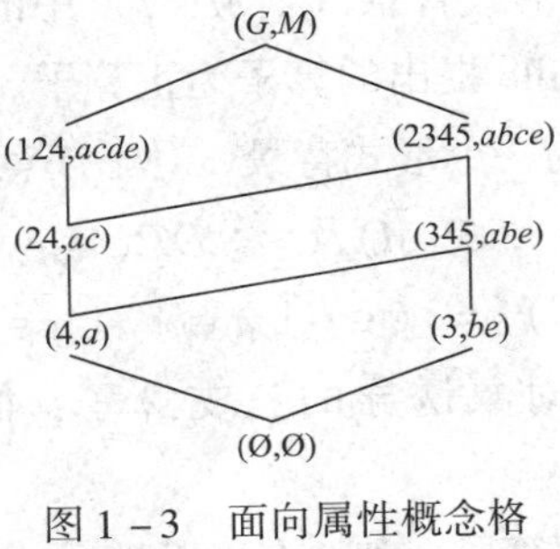

图 1－3　面向属性概念格 $L_p(G, M, I)$

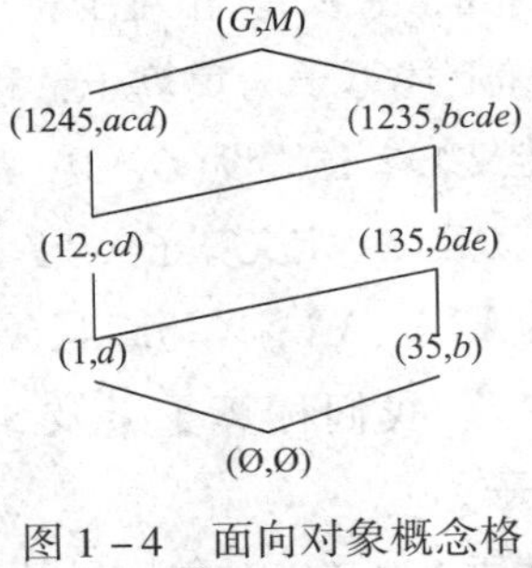

图 1－4　面向对象概念格 $L_o(G, M, I)$

1.2.4 三支概念分析基础理论

结合形式概念分析与三支决策理论，Qi 等在文献中提出了三支概念格理论。首先，我们给出集合对之间的运算。

设 S 是一个非空集合，$\mathcal{P}(S)$ 是 S 的幂集。令$\mathcal{DP}(S)=\mathcal{P}(S)\times\mathcal{P}(S)$，对于任意的$(A, B)$，$(C, D)\in\mathcal{DP}(S)$，定义交运算$\cap$，并运算$\cup$以及取补运算 c，分别为：$(A, B)\cap(C, D)=(A\cap C, B\cap D)$，$(A, B)\cup(C, D)=(A\cup C, B\cup D)$，$(A, B)^{c}=(A^{c}, B^{c})$。另外，在$\mathcal{DP}(S)$ 上定义二元关系$\subseteq$如下：对于任意的(A, B)，$(C, D)\in\mathcal{DP}(S)$，$(A, B)\subseteq(C, D)\Longleftrightarrow A\subseteq C$且$B\subseteq D$。

在三支概念格理论中，相对于 Wille 提出的算子“$*$”和“$'$”，Qi 等定义了如下算子。

定义 1.2.14 设(G, M, I) 为一个形式背景，$X\subseteq G$，$A\subseteq M$，$I^{c}=(G\times M)\setminus I$。对于任意的 $X\subseteq G$ 及 $A\subseteq M$，定义算子$^{\bar{*}}:\mathcal{P}(G)\rightarrow\mathcal{P}(M)$ 及$^{\bar{\prime}}:\mathcal{P}(M)\rightarrow\mathcal{P}(G)$，分别为 $X^{\bar{*}}=\{m\in M\mid\forall m\in X(gI^{c}m)\}=\{m\in M\mid X\subseteq I^{c}m\}$，$A^{\bar{\prime}}=\{u\in G\mid\forall m\in A(gI^{c}m)\}=\{u\in G\mid A\subseteq gI^{c}\}$。

事实上，上述算子$\bar{*}$及$\bar{\prime}$分别是形式背景(G, M, I) 的补背景中的算子$*$及$'$。相对于算子在形式背景(G, M, I) 中的语义，Qi 等称上述算子为负算子，称 Wille 提出的算子为正算子。

定义 1.2.15 设(G, M, I) 为一个形式背景。对于任意的 $X\subseteq G$，A，$B\subseteq M$，定义算子$\lessdot:\mathcal{P}(G)\rightarrow\mathcal{DP}(M)$及$\gtrdot:\mathcal{DP}(M)\rightarrow\mathcal{P}(G)$，分别为$X^{\lessdot}=(X^{*}, X^{\bar{*}})$，且$(A, B)^{\gtrdot}=\{g\in G\mid g\in A'$且$g\in B^{\bar{\prime}}\}=A'\cap B^{\bar{\prime}}$。我们称算子$\lessdot$及$\gtrdot$为对象诱导的三支算子，简称为OE-算子。

性质 1.2.5 对象诱导的三支算子$\lessdot$和$\gtrdot$有以下性质：

(1) $X\subseteq X^{\lessdot\gtrdot}$，$(A,B)\subseteq(A,B)^{\gtrdot\lessdot}$。

(2) $X\subseteq Y\Rightarrow X^{\lessdot}\supseteq Y^{\lessdot}$，$(A,B)\subseteq(C,D)\Rightarrow(A,B)^{\gtrdot}\supseteq(C,D)^{\gtrdot}$。

(3) $X^{\lessdot}=X^{\lessdot\gtrdot\lessdot}$，$(A,B)^{\gtrdot}=(A,B)^{\gtrdot\lessdot\gtrdot}$。

(4) $X\subseteq(A,B)^{\gtrdot}\Leftrightarrow(A,B)\subseteq X^{\lessdot}$。

(5) $(X\cup Y)^{\lessdot}=X^{\lessdot}\cap Y^{\lessdot}$，$(X\cap Y)^{\lessdot}\supseteq X^{\lessdot}\cup Y^{\lessdot}$。

(6) $((A,B)\cup(C,D))^{\gtrdot}=(A,B)^{\gtrdot}\cap(C,D)^{\gtrdot}$，$((A,B)\cap(C,D))^{\gtrdot}\supseteq(A,B)^{\gtrdot}\cup(C,D)^{\gtrdot}$。

定义 1.2.16　设(G,M,I)为一个形式背景，$X\subseteq G$，A，$B\subseteq M$。若$X^{\lessdot}=(A,B)$，且$(A,B)^{\gtrdot}=X$，则称$(X,(A,B))$为对象诱导的三支概念，简称为 OE-概念。其中，称X为 OE-概念$(X,(A,B))$的外延，(A,B)为 OE-概念$(X,(A,B))$的内涵。

记形式背景(G,M,I)的所有 OE-概念构成的集合为$OEL(G,M,I)$，所有 OE-概念外延构成的集合为$OEL_G(G,M,I)$以及所有 OE-概念内涵构成的集合为$OEL_M(G,M,I)$。对于任意的$(X,(A,B))$，$(Y,(C,D))\in OEL(G,M,I)$，定义$OEL(G,M,I)$的二元关系为：

$$(X,(A,B))\leqslant(Y,(C,D))\Leftrightarrow X\subseteq Y\Leftrightarrow(C,D)\subseteq(A,B)。$$

文献中已证明“$\leqslant$”为$OEL(G,M,I)$上的偏序关系，且在此偏序关系下，$OEL(G,M,I)$形成了完备格，且对于任意的$(X,(A,B))$，$(Y,(C,D))\in OEL(G,M,I)$，其下确界与上确界分别如下所示：

$$(X,(A,B))\wedge(Y,(C,D))=(X\cap Y,((A,B)\cup(C,D))^{\gtrdot\lessdot}),$$

$$(X,(A,B))\vee(Y,(C,D))=((X\cup Y)^{\lessdot\gtrdot},(A,B)\cap(C,D))。$$

同样地，因为$OEL(G,M,I)$中的每个元素都是(G,M,I)的对象诱导的三支概念，且$(OEL(G,M,I),\leqslant)$为完备格，所以称$OEL(G,M,I)$为(G,M,I)的对象诱导的三支概念格。

类似于上述算子，Qi 等还提出了另一类三支算子。由于与上述算子相比，仅仅是定义域与值域不同，运算法则是相同的，所以文献中采用了同样的算子符号。

定义 1.2.17 设(G, M, I) 为一个形式背景。对于任意的 $X, Y\subseteq G$, $A\subseteq M$，定义算子 $\lessdot: \mathcal{P}(M)\to\mathcal{DP}(G)$ 及 $\gtrdot: \mathcal{DP}(G)\to\mathcal{P}(M)$，分别为 $A^{\lessdot}=(A', A^{\bar{'}})$，且 $(X, Y)^{\gtrdot}=\{m\in M \mid m\in X^{*}$ 且 $m\in Y^{\bar{*}}\}=X^{*}\cap Y^{\bar{*}}$。我们称算子 $\lessdot$ 及 $\gtrdot$ 为属性诱导的三支算子，简称为 AE-算子。

性质 1.2.6 属性诱导的三支算子 $\lessdot$ 和 $\gtrdot$ 有以下性质：

(1) $A\subseteq A^{\lessdot\gtrdot}$，$(X, Y)\subseteq(X, Y)^{\gtrdot\lessdot}$。

(2) $A\subseteq B\Rightarrow A^{\lessdot}\supseteq B^{\lessdot}$，$(X, Y)\subseteq(Z, W)\Rightarrow(X, Y)^{\gtrdot}\supseteq(Z, W)^{\gtrdot}$。

(3) $A^{\lessdot}=A^{\lessdot\gtrdot\lessdot}$，$(X, Y)^{\gtrdot}=(X, Y)^{\gtrdot\lessdot\gtrdot}$。

(4) $A\subseteq(X, Y)^{\gtrdot}\Leftrightarrow(X, Y)\subseteq A^{\lessdot}$。

(5) $(A\cup B)^{\lessdot}=A^{\lessdot}\cap B^{\lessdot}$，$(A\cap B)^{\lessdot}\supseteq A^{\lessdot}\cup B^{\lessdot}$。

(6) $((X, Y)\cup(Z, W))^{\gtrdot}=(X, Y)^{\gtrdot}\cap(Z, W)^{\gtrdot}$，$((X, Y)\cap(Z, W))^{\gtrdot}\supseteq(X, Y)^{\gtrdot}\cup(Z, W)^{\gtrdot}$。

定义 1.2.18 设(G, M, I) 为一个形式背景，$X, Y\subseteq G$，$A\subseteq M$。若$(X, Y)^{\gtrdot}=A$ 且 $A^{\lessdot}=(X, Y)$，则称$((X, Y), A)$ 为属性诱导的三支概念，简称为 AE-概念。其中，称(X, Y) 为 AE-概念$((X, Y), A)$ 的外延，A 为 AE-概念$((X, Y), A)$ 的内涵。

同样地，记形式背景(G, M, I) 的所有 AE-概念构成的集合为 $AEL(G, M, I)$，所有 AE-概念外延构成的集合为 $AEL_G(G, M, I)$以及所有 AE-概念内涵构成的集合为 $AEL_M(G, M, I)$。对于任意的$((X, Y), A)$，$((Z, W), B)\in AEL(G, M, I)$，定义 $AEL(G, M, I)$ 的二元关系为：

$$((X, Y), A)\leqslant((Z, W), B)\Leftrightarrow(X, Y)\subseteq(Z, W)\Leftrightarrow B\subseteq A。$$

很容易证明“$\leqslant$”为 $AEL(G, M, I)$ 的偏序关系。且在此偏序关系下，$AEL(G, M, I)$ 形成了完备格，且对于任意的 $((X, Y), A)$，$((Z, W), B) \in AEL(G, M, I)$，其下确界与上确界分别如下所示：

$$((X, Y), A) \wedge ((Z, W), B) = ((X, Y) \cap (Z, W), (A \cup B)^{<>}),$$

$$((X, Y), A) \vee ((Z, W), B) = (((X, Y) \cup (Z, W))^{><}, A \cap B)。$$

因为 $AEL(G, M, I)$ 中的每个元素都是 (G, M, I) 的属性诱导的三支概念，且 $(AEL(G, M, I), \leqslant)$ 为完备格，所以称 $AEL(G, M, I)$ 为 (G, M, I) 的属性诱导的三支概念格。

为了方便叙述，统称对象诱导的三支概念格与属性诱导的三支概念格为三支概念格。

例 1.2.3(续例 1.2.1)　设形式背景 (G, M, I) 如表 1-1 所示。根据定义 1.2.16 和定义 1.2.18 可得到形式背景 (G, M, I) 的对象诱导的三支概念格和属性诱导的三支概念格分别如图 1-5 和图 1-6 所示。

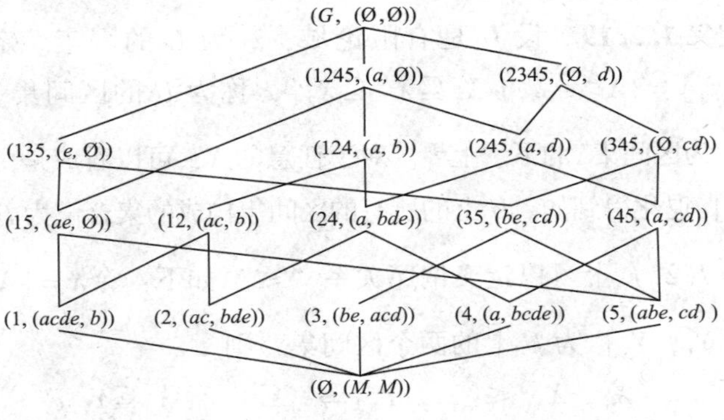

图 1-5　$OEL(G, M, I)$

本书研究的形式背景 (G, M, I) 都是正则的，且 $|G|$ 与 $|M|$ 均是有限的。在下文中，对于任意的 $X \subseteq G$ 及 $A \subseteq M$，记 X^* 和 A' 分别为 X^I 和 A^I。

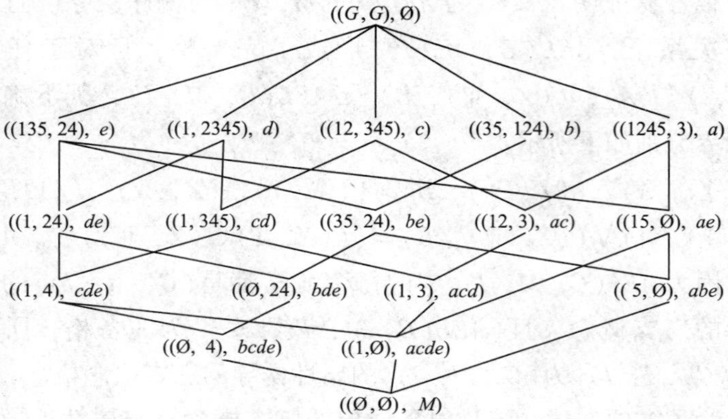

图 1－6　$AEL(G, M, I)$

1.2.5　区间集及区间集概念格基础理论

区间集理论是 Yao 于 1993 年提出的，它可以看作是对数域上区间这一概念的扩展与推广。

定义 1.2.19　设 U 是有限论域，2^U 为 U 的幂集。定义 $\widetilde{X}=[X_1, X_2]=\{X^{\triangle}\in 2^U \mid X_1\subseteq X^{\triangle}\subseteq X_2\}$，称为 U 的区间集。其中，X_1，X_2 为区间集 $\widetilde{X}$ 的下、上界。对于任意的 X，可以看成是由区间集 $[X, X]$ 退化得到的。U 上的所有的区间集构成的集合记为 $I(2^U)$。

在 $I(2^U)$ 上可以定义偏序关系"≤"如下：令 $\widetilde{X}=[X_1, X_2]$ 和 $\widetilde{Y}=[Y_1, Y_2]$ 为 U 上的两个区间集，则

$$[X_1, X_2]\leqslant[Y_1, Y_2]\Leftrightarrow X_1\subseteq Y_1 \text{ 且 } X_2\subseteq Y_2。$$

例 1.2.4　设论域集为 $U=\{1, 2\}$，由定义 1.2.19 知，$I(2^U)=\{[\varnothing, \varnothing], [\varnothing, 1], [\varnothing, 2], [\varnothing, 12], [1, 1], [1, 12], [2, 2], [2, 12], [12, 12]\}$。另外，我们以 $[1, 12]$ 与 $[12, 12]$ 为例，按照上述偏序关系，显然 $[1, 12]\leqslant[12, 12]$。

类似于经典集合之间的运算，Yao 在文献中给出了区间集间的运算。

定义 1.2.20 设 U 是有限论域，$\widetilde{X}$，$\widetilde{Y}$是 U 上的区间集，即 $\widetilde{X}=[X_1, X_2]$，$\widetilde{X}=[Y_1, Y_2]\in I(2^U)$，区间集的交、并、差、补运算可定义为：

$\widetilde{X}\cap\widetilde{Y}=[X_1, X_2]\cap[Y_1, Y_2]=[X_1\cap Y_1, X_2\cap Y_2]=\{X^*\cap Y^* \mid X^*\in\widetilde{X}, Y^*\in\widetilde{Y}\}$；

$\widetilde{X}\cup\widetilde{Y}=[X_1, X_2]\cup[Y_1, Y_2]=[X_1\cup Y_1, X_2\cup Y_2]=\{X^*\cup Y^* \mid X^*\in\widetilde{X}, Y^*\in\widetilde{Y}\}$；

$\widetilde{X}-\widetilde{Y}=[X_1, X_2]-[Y_1, Y_2]=[X_1-Y_1, X_2-Y_2]=\{X^*-Y^* \mid X^*\in\widetilde{X}, Y^*\in\widetilde{Y}\}$；

$\neg\widetilde{X}=[U, U]-[X_1, X_2]=[X_2^c, X_1^c]$。

定义 1.2.21 设(G, M, I)为一个形式背景，对于任意的 $\widetilde{X}=[X_l, X_u]\in I(2^G)$，$\widetilde{A}=[A_l, A_u]\in I(2^M)$，定义一对映射$f: I(2^G)\to I(2^M)$ 且 $g: I(2^M)\to I(2^G)$ 有 $f(\widetilde{X})=[X_u^*, X_l^*]$，$g(\widetilde{A})=[A'_u, A'_l]$，若满足$f(\widetilde{X})=\widetilde{A}$且$g(\widetilde{A})=\widetilde{X}$，称序对$(\widetilde{X}, \widetilde{A})$为区间集概念。其中$(*, ')$是$(G, M, I)$中的对偶算子。

用$IL(G, M, I)$表示相应的形式背景(G, M, I)的所有区间集概念的全体。设$(\widetilde{X}_1, \widetilde{A}_1)$和$(\widetilde{X}_2, \widetilde{A}_2)$是形式背景$(G, M, I)$的两个区间集概念，定义 $IL(G, M, I)$ 上的二元关系“$\leqslant$”：$(\widetilde{X}_1, \widetilde{A}_1)\leqslant(\widetilde{X}_2, \widetilde{A}_2)\Leftrightarrow\widetilde{X}_1\leqslant\widetilde{X}_2\Leftrightarrow\widetilde{A}_2\leqslant\widetilde{A}_1$，显然，二元关系：“$\leqslant$”是一个偏序关系，并且在这种偏序关系下$(IL(G, M, I), \leqslant)$形成完备格，其上确界和下确界分别为：

$(\widetilde{X}_1, \widetilde{A}_1) \vee (\widetilde{X}_2, \widetilde{A}_2) = (gf(\widetilde{X}_1 \cup \widetilde{X}_2), \widetilde{A}_1 \cap \widetilde{A}_2)$，$(\widetilde{X}_1, \widetilde{A}_1) \wedge (\widetilde{X}_2, \widetilde{A}_2) = (\widetilde{X}_1 \cap \widetilde{X}_2, fg(\widetilde{A}_1 \cup \widetilde{A}_2))$。

例 1.2.5 形式背景(G, M, I)，$G = \{1, 2, 3, 4\}$，$M = \{a, b, c, d\}$ 以及关系如表 1－3 所示。

表 1－3 形式背景(G, M, I)

G	a	b	c	d
1	×		×	×
2	×	×		
3			×	
4	×	×		

取 $[1, 124] \in I(2^G)$，由定义 1.2.21 知，$f([1, 124]) = [a, acd]$且 $g([a, acd]) = [1, 124]$。显然$([1, 124], [a, acd])$为一个区间集概念。按照上述计算方法，我们可以找出所有区间集概念。另外，所有概念在定义 1.2.21 中的偏序关系下构成了如图 1－7 的区间集概念格。

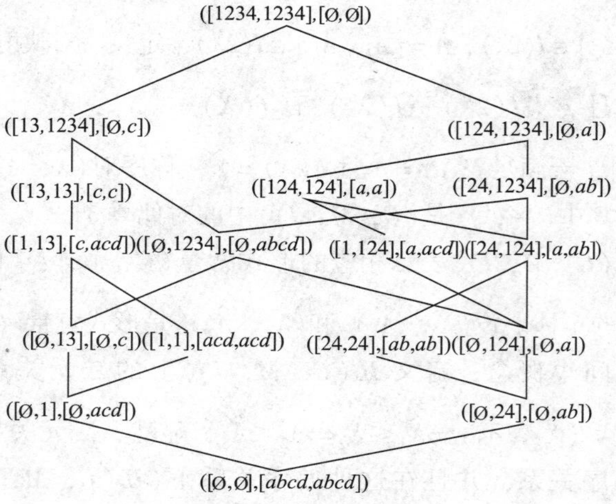

图 1－7 区间集概念格

第 2 章　经典概念格的构造

本章将从微观和宏观两个角度研究经典概念格的构造，即基于层次结构的经典概念格构造和基于背景分解的经典概念格构造。

2.1　引言

概念格的构造始终是形式概念分析理论的重要研究内容。与概念格构造相关的研究大概可以分为三部分：一是全新的构格方法的提出；二是改进已有的格构造算法；三是把已有构格算法应用到其他领域。Ganter 与 Reuter 在文献中提出 Next Closure 算法后，Fu 与 Nguifo 对此算法进行了并行计算与设计。Godin 最早提出增量式算法，后来增量式算法相继被研究。2015 年，Zou 等通过改善固定格的序关系以及寻找规范的产生器这两个方面细化了增量式算法。最近，Andrews 在文献中利用 "Best-of-Breed" 的方法设计了快速求概念的算法 In-Close3 并且把其与算法 CbO、FCbO、In-Close 以及 In-Close2 进行比较。

概念格的构造关键在于概念格的获取。在概念的计算过程中，避免同一概念的重复计算是减小概念格构造复杂度的一个可取方向。受上述研究思路的影响，我们对利用概念定义求解概念的算法进行了改进。

另外，大数据时代的到来，迫使我们寻找更一般的构格方法。2006 年，在德累斯顿举行的形式概念分析国际会议上，提出了“怎样把背景分解转化为概念格分解”的公开问题。这一公开问题给我们提供了研究概念格构造的新思路，即利用化整为零的思想，把形式背景拆分成多个子背景进而研究相应的概念格构造。事实上，早在 2001 年，Valtchev 和 Missaoui 就提出从部分出发构造概念格。后来，Qi 等也研究了从子背景或者划分的角度获取概念的方法。但他们给出的分解并不能在计算机上实现并行运算。若构格方法所对应的算法是并行算法，那么在一定程度上可以解决大数据带来的一些困扰。自然地，怎样分解形式背景，才能实现并行计算概念格，这是一个尚需解决且有深远意义的研究问题。

2.2 经典概念格的层次构造法

本节将从两个角度给出经典概念格基于层次结构的构造方法：基于对象集层次结构的概念格构造以及基于属性集层次结构的概念格构造。

2.2.1 对象集层次构造法

本小节主要研究基于对象集层次结构的概念格构造。

首先给出一些相关的定义与符号。

定义 2.2.1 设(G, M, I) 为形式背景，$|G|<\infty$，$|M|<\infty$。定义 $\alpha_n=\{X \mid X\subseteq G$ 且 $|X|=n\}$，$\beta_n=\{A \mid A\subseteq M,\ A=X^I$ 且 $X\in\alpha_n\}$，其中 $n=1, 2, \cdots, |G|$，这里 $|\cdot|$ 表示集合的基数。

记 $\alpha=\{\alpha_n \mid n=1, 2, |G|\}$。对于任意的 α_n，$\alpha_m\in\alpha$，定

义：$\alpha_n \leqslant_\alpha \alpha_m \Longleftrightarrow$对于任意 $X \in \alpha_n$，都存在 $Y \in \alpha_m$ 使得 $X \subseteq Y$。

下面，我们研究 α_n 及 α 的性质。

定理 2.2.1 （α，$\leqslant_\alpha$）是偏序集。

证明 对于任意的 α_n，$\alpha_m \in \alpha$，$X \in \alpha_n$，令 $Y = X$，显然有 $X \subseteq Y$。故 $\alpha_n \leqslant_\alpha \alpha_n$。从而$(\alpha, \leqslant_\alpha)$满足自反性。若 $\alpha_n \leqslant_\alpha \alpha_m$ 且 $\alpha_m \leqslant_\alpha \alpha_n$，因为 $\alpha_n \leqslant_\alpha \alpha_m$，故对于任意 $X \in \alpha_n$，都存在 $Y \in \alpha_m$ 使得 $X \subseteq Y$。又因为 $\alpha_m \leqslant_\alpha \alpha_n$，故对于上述 Y，存在 $Z \in \alpha_n$ 使得 $Y \subseteq Z$。从而 $X \subseteq Y \subseteq Z$。又因为 $|X| = |Z| = n$，从而 $X = Z$。故 $X = Y$。从而 $X \in \alpha_m$。又由于 X 的任意性知，$\alpha_n \subseteq \alpha_m$。同理可得 $\alpha_m \subseteq \alpha_n$。进而 $\alpha_n = \alpha_m$。从而(α，$\leqslant_\alpha$）满足反对称性。若 $\alpha_n \leqslant_\alpha \alpha_m$ 且 $\alpha_m \leqslant_\alpha \alpha_l$，对于任意 $X \in \alpha_n$，因为 $\alpha_n \leqslant_\alpha \alpha_m$，故存在 $Y \in \alpha_m$ 使得 $X \subseteq Y$。又因为$\alpha_m \leqslant_\alpha \alpha_l$，故对于上述 Y，存在 $Z \in \alpha_l$ 使得 $Y \subseteq Z$。从而 $X \subseteq Y \subseteq Z$。由$\leqslant_\alpha$ 的定义知，若 $\alpha_n \leqslant_\alpha \alpha_l$。

从而(α，$\leqslant_\alpha$）满足传递性。综上所述，（α，$\leqslant_\alpha$）是偏序集。

定理 2.2.2 $n \leqslant m \Longleftrightarrow \alpha_n \leqslant_\alpha \alpha_m$，其中 $n = 1, 2, \cdots, |G|$。

证明 不失一般性，我们只需证明当 $m = n + 1$ 时结论成立。由 α_n 的定义知，对于任意的 $X \in \alpha_n$，$|X| = n$。令 $Y = X \cup \{x_1\}$，其中 $x_1 \in G \setminus X$。显然 $|Y| = n + 1$，即 $Y \in \alpha_{n+1}$。从而由$\leqslant$的定义知，$\alpha_n \leqslant_\alpha \alpha_{n+1}$。反之，因为 $\alpha_n \leqslant_\alpha \alpha_{n+1}$，所以对于任意 $X \in \alpha_n$，都存在 $Y \in \alpha_m$ 使得 $X \subseteq Y$。显然 $|X| \leqslant |Y|$。又由 α_n 的定义知，$n \leqslant m$。

通过上述定理，我们知道 α 具有与有限自然数子集同构的层次结构。记 $\beta = \{\beta_n \mid n = 1, 2, \cdots, |G|\}$。通过定义 2.2.1，$\beta$ 与 α 具有紧密的联系。下面我们研究 β 所具有的结构。

对于任意的 β_n，$\beta_m \in \beta$，定义 $\beta_n \leqslant_\beta \beta_m \Longleftrightarrow$对于任意 $A \in \beta_n$，都存在 $B \in \beta_m$ 使得 $B \subseteq A$。

定理 2.2.3 $(\beta,\leqslant_\beta)$ 是拟序集，即满足自反性及传递性。

证明 对于任意的 β_n，$\beta_m\in\beta$，$A\in\beta_n$，令 $B=A$，显然有 $B\subseteq A$。故 $\beta_n\leqslant_\beta\beta_n$。从而 $(\beta,\leqslant_\beta)$ 满足自反性。若 $\beta_n\leqslant_\beta\beta_m$ 且 $\beta_m\leqslant_\beta\beta_l$，因为 $\beta_n\leqslant_\beta\beta_m$，故对于任意 $A\in\beta_n$，都存在 $B\in\beta_m$ 使得 $B\subseteq A$。又因为 $\beta_m\leqslant_\beta\beta_l$，故对于上述 B，存在 $C\in\beta_l$ 使得 $C\subseteq B$。从而 $C\subseteq B\subseteq A$。由 $\leqslant_\beta$ 的定义知，$\beta_n\leqslant_\beta\beta_l$。从而 $(\beta,\leqslant_\beta)$ 满足传递性。综上所述，$(\beta,\leqslant_\beta)$ 是拟序集。

定理 2.2.4 若 $n\leqslant m$，则 $\beta_n\leqslant_\beta\beta_m$。

证明 不失一般性，我们只需证明当 $m=n+1$ 时结论成立。对于任意 $A\in\beta_n$，由 β_n 的定义知，都存在 $X\in\alpha_n$ 使得 $A=X^I$。令 $Y=X\cup\{x_1\}$，其中 $x_1\in G\setminus X$。显然 $|Y|=n+1$ 即 $Y\in\alpha_{n+1}$，从而由 β_n 的定义知 $Y^I\in\beta_{n+1}$。又 $X\subseteq Y$，故由算子 I 的性质知，$Y^I\subseteq X^I$，即 $Y^I\subseteq A$。从而，由 $\leqslant_\beta$ 的定义知，$\beta_n\leqslant_\beta\beta_{n+1}$。

根据形式概念以及 β_n 的定义，以下定理显然成立。

定理 2.2.5 设 (G, M, I) 为形式背景，$\underline{\mathcal{B}}_M(G, M, I)$ 是 (G, M, I) 的所有内涵构成的集合，则 $\cup_{n=0}^{|G|}\beta_n=\underline{\mathcal{B}}_M(G, M, I)$。

通过定理 2.2.5，我们可以利用对象集层次结构决定的 β 计算 (G, M, I) 的所有内涵。但往往我们没有必要计算出这种层次结构的每一层。下面我们将给出获取所有内涵时，所需计算的最少层数的判断条件。

定理 2.2.6 设 (G, M, I) 为形式背景，α_n，β_n 如定义 2.2.1 所示，若存在 $n_0\in\{1, 2, \cdots, |G|\}$ 满足 $\beta_{n_0+1}\subseteq\beta_{n_0}$，则 $\beta_{n_0+2}\subseteq\beta_{n_0+1}$。

证明 对于任意的 $A\in\beta_{n_0+2}$，由 β_n 的定义知，存在 $X\in\alpha_{n_0+2}$ 使得 $A=X^I$。因为 $|X|=n_0+2$，故 $X\neq\varnothing$。不妨设 $x\in X$，故 $A=X^I=(X\setminus\{x\}\cup\{x\})^I$，又由算子的性质知 $A=(X\setminus\{x\})^I\cap\{x\}^I$。注意到 $|X\setminus\{x\}|=n_0+1$，故 $X\setminus\{x\}\in\alpha_{n_0+1}$。从而 $(X\setminus\{x\})^I\in$

β_{n_0+1}。又因为$\beta_{n_0+1}\subseteq\beta_{n_0}$，故$(X\setminus\{x\})^I\in\beta_{n_0}$。由$\beta_n$的定义知，存在$Y\in\alpha_{n_0}$使得$(X\setminus\{x\})^I=Y^I$。又$A=(X\setminus\{x\})^I\cap\{x\}^I$，从而$A=Y^I\cap\{x\}^I$，由算子的性质知$A=(Y\cup\{x\})^I$。

下面我们分两种情况进行讨论。第一种情况：若$x\notin Y$，由于$Y\in\alpha_{n_0}$，从而$|Y|=n_0$，故$|Y\cup\{x\}|=n_0+1$，即$Y\cup\{x\}\in\alpha_{n_0+1}$。从而$A\in\beta_{n_0+1}$。显然结论成立。第二种情况：若$x\in Y$，由于$A=(Y\cup\{x\})^I$，从而$A=Y^I$。因为$|X|=n_0+2$，$|Y|=n_0$，故$X\setminus Y\neq\emptyset$。不妨设$y\in X\setminus Y$，故$Y\subseteq Y\cup\{y\}\subseteq Y\cup X$。由算子性质知$Y^I\supseteq(Y\cup\{y\})^I\supseteq(Y\cup X)^I$，即$Y^I\supseteq(Y\cup\{y\})^I\supseteq Y^I\cap X^I$，因为$A=X^I$且$A=Y^I$，故上式也就是$A\supseteq(Y\cup\{y\})^I\supseteq A\cap A$，从而$A=(Y\cup\{y\})^I$。又因为$|Y\cup\{y\}|=n_0+1$，即$Y\cup\{y\}\in\alpha_{n_0+1}$，所以$A\in\beta_{n_0+1}$。结论显然成立。

综上所述，$\beta_{n_0+2}\subseteq\beta_{n_0+1}$成立。

推论 2.2.1　设(G, M, I)为形式背景，α_n，β_n如定义2.2.1所示，若存在$n_0\in\{1, 2, \cdots, |G|\}$满足$\beta_{n_0+1}\subseteq\beta_{n_0}$，则对于任意的$m$，$n_0<m\leqslant|G|$，都有$\beta_m\subseteq\beta_{n_0}$。

证明　由定理2.2.6知$\beta_{n_0+2}\subseteq\beta_{n_0+1}$成立。令$n_0+1$取代条件中的$n_0$，则我们有$\beta_{n_0+3}\subseteq\beta_{n_0+2}$。同理，对于任意的$m$，$n_0<m\leqslant|G|$，重复替代条件$m-n_0-1$次，可得$\beta_m\subseteq\beta_{n_0}$。

定理2.2.6及推论2.2.1说明，若出现上一层所对应的内涵集包含下一层所对应的内涵时，则再计算后面任意层时都不会出现新的内涵。这就是我们所寻找到的计算所有内涵所需的层数。下面，我们将说明这时求出的层数恰为最少层数。

定理 2.2.7　设(G, M, I)为形式背景，α_n，β_n如定义2.2.1所示，若存在$n_0\in\{1, 2, \cdots, |G|\}$满足$A\in\beta_{n_0}$，对于任意的$m$，$1\leqslant m<n_0$，若$A\notin\beta_m$，则$A\notin\beta_{m-1}$。

证明　我们采用反正法证明。假设存在$1\leqslant m_0<n_0$，使得$A\notin\beta_{m_0}$，

但$A\in\beta_{m_0-1}$。由β_n的定义知，存在$X\in\alpha_{m_0-1}$使得$A=X^I$。又因为$A\in\beta_{n_0}$，故存在$Y\in\alpha_{n_0}$使得$A=Y^I$。因为$|X|=m_0-1$且$|Y|=n_0$，故$Y\setminus X\neq\emptyset$。不妨设$x\in Y\setminus X$，从而$|X\cup\{x\}|=m_0$，即$X\cup\{x\}\in\alpha_{m_0}$。又$Y\subseteq X\cup\{y\}\subseteq X\cup Y$，故由算子的性质知$X^I\supseteq(X\cup\{x\})^I\supseteq(X\cup Y)^I$，即$X^I\supseteq(X\cup\{x\})^I\supseteq X^I\cap Y^I$，又$A=X^I$及$A=Y^I$。故上式即是$A\supseteq(X\cup\{x\})^I\supseteq A\cap A$。从而$A=(X\cup\{x\})^I$又$X\cup\{x\}\in\alpha_{m_0}$，从而$A\in\beta_{m_0}$。此与假设矛盾。

推论 2.2.2 设(G,M,I)为形式背景，α_n，β_n如定义2.2.1所示，若存在$n_0\in\{1,2,\cdots,|G|\}$满足$A\in\beta_{n_0}$，且$A\in\beta_{n_0-1}$，则对于任意的m，$1\leqslant m<n_0$，$A\notin\beta_m$。

证明 因为$A\notin\beta_{n_0-1}$，则由定理2.2.7知$A\notin\beta_{n_0-2}$。令$A\notin\beta_{n_0-2}$替代条件中的$A\notin\beta_{n_0-1}$，则我们有$A\notin\beta_{n_0-3}$。同理，对于任意的m，$1\leqslant m<n_0$，重复替代条件n_0-1-m次，可得$A\notin\beta_m$。

定理2.2.7及推论2.2.2说明，对于下一层比上一层新产生的内涵，则不会在前面计算过的任意一层所对应的内涵集之中。换句话说，在求所有内涵时，下一层所对应的内涵集是必不可缺少的一层。

结合上述定理，下面我们给出利用对象层次结构求解所有内涵的充要条件。这个充要条件是后续相关算法的理论基础。为了以下结论表述方便，我们规定当$n_0=|G|$时，$\beta_{n_0+1}=\emptyset$。

定理 2.2.8 设(G,M,I)为形式背景，α_n，β_n如定义2.2.1所示，则$\beta_{n_0+1}\subseteq\beta_{n_0}\Longleftrightarrow\cup_{n=0}^{n_0}\beta_n=\mathcal{B}_M(G,M,I)$。

证明 “$\Rightarrow$”若$\beta_{n_0+1}\subseteq\beta_{n_0}$，由推论2.2.1知对于任意的$m$，$n_0<m\leqslant|G|$，都有$\beta_m$从而$\cup_{n=0}^{|G|}\beta_n=\cup_{n=0}^{n_0}\beta_n$。又因为$\cup_{n=0}^{|G|}\beta_n=\mathcal{B}_M=(G,M,I)$，所以$\cup_{n=0}^{n_0}\beta_n=L_M(G,M,I)$。

“$\Leftarrow$”证明其逆否命题，即假设$\beta_{n_0+1}\not\subseteq\beta_{n_0}$，证明$\cup_{n=0}^{n_0}\beta_n\neq L_M(G,M,I)$。若$\beta_{n_0+1}\not\subseteq\beta_{n_0}$，则存在$A\in\beta_{n_0+1}$但$A\notin\beta_{n_0}$，由推论

2.2.2 知对于任意的 m，$1 \leqslant m < n_0$，$A \notin \beta_m$，故 $A \notin \cup_{n=0}^{n_0} \beta_n$。因为 $A \in \beta_{n_0+1}$，所以 $A \in \cup_{n=0}^{|G|} \beta_n$，即 $A \in \underline{\mathcal{B}}_M(G, M, I)$。从而 $\cup_{n=0}^{n_0} \beta_n \neq \underline{\mathcal{B}}_M(G, M, I)$ 得证。

例 2.2.1 表 2－1 的形式背景 (G, M, I) 是对文献中关于“生物与水”的形式背景去掉了满列属性 a 得到的形式背景。之所以这样修改，是因为我们要保证形式背景是正则的形式背景。该形式背景来源于匈牙利的一个科教电影“生物与水”，其中 $G = \{1, 2, 3, 4, 5, 6, 7, 8\}$ 是电影中提到的生物，$M = \{b, c, d, e, f, g, h, i\}$ 是电影中所涉及的特性。G 中每个数字代表的意思是：1－蚂蟥，2－鱼，3－蛙，4－狗，5－水草，6－芦苇，7－豆，8－玉米。M 中每个字母代表的意思是：b－在水中生活，c－在陆地生活，d－有叶绿素，e－双子叶，f－单子叶，g－能运动，h－有四肢，i－哺乳。在表 2－1 中，×表示生物有这种特性，空白则表示生物没有这种特性。

表 2－1 “生物与水”(G, M, I)

G	b	c	d	e	f	g	h	i
1	×					×		
2	×					×	×	
3	×	×				×	×	
4		×				×	×	×
5	×		×		×			
6	×	×	×		×			
7		×	×	×				
8		×	×		×			

按照定义 2.2.1，我们计算 α_i 及 β_i $(i = 1, 2, 3, \cdots, 8)$ 如下：

$\alpha_1 = \{\{1\},\{2\},\{3\},\{4\},\{5\},\{6\},\{7\},\{8\}\}$,

$\beta_1 = \{\{b,g\},\{b,g,h\},\{b,g,c,h\},\{c,g,h,i\},\{b,d,f\},\{b,c,d,f\},\{c,d,e\},\{c,d,f\}\}$,

$\alpha_2 = \{\{1,2\},\{1,3\},\{1,4\},\{1,5\},\{1,6\},\{1,7\},\{1,8\},\{2,3\},\{2,4\},\{2,5\},\{2,6\},\{2,7\},\{2,8\},\{3,4\},\{3,5\},\{3,6\},\{3,7\},\{3,8\},\{4,5\},\{4,6\},\{4,7\},\{4,8\},\{5,6\},\{5,7\},\{5,8\},\{6,7\},\{6,8\},\{7,8\}\}$,

$\beta_2 = \{\{b,g\},\{g\},\{b\},\emptyset,\{b,g,h\},\{g,h\},\{c,g,h\},\{b,c\},\{c\},\{b,d,f\},\{d\},\{d,f\},\{c,d\},\{c,d,f\}\}$,

$\alpha_3 = \{\{1,2,3\},\{1,2,4\},\{1,2,5\},\{1,2,6\},\{1,2,7\},\{1,2,8\},\{2,3,4\},\{2,3,5\},\{2,3,6\},\{2,3,7\},\{2,3,8\},\{3,4,5\},\{3,4,6\},\{3,4,7\},\{3,4,8\},\{4,5,6\},\{4,5,7\},\{4,5,8\},\{5,6,7\},\{5,6,8\},\{6,7,8\},\{1,3,4\},\{1,3,5\},\{1,3,6\},\{1,3,7\},\{1,3,8\},\{2,4,5\},\{2,4,6\},\{2,4,7\},\{2,4,8\},\{3,5,6\},\{3,5,7\},\{3,5,8\},\{4,6,7\},\{4,6,8\},\{5,7,8\},\{1,4,5\},\{1,4,6\},\{1,4,7\},\{1,4,8\},\{2,5,6\},\{2,5,7\},\{2,5,8\},\{3,6,7\},\{3,6,8\},\{4,7,8\},\{1,5,6\},\{1,5,7\},\{1,5,8\},\{2,6,7\},\{2,6,8\},\{3,7,8\},\{1,6,7\},\{1,6,8\},\{2,7,8\},\{1,7,8\}\}$,

$\beta_3 = \{\{b,g\},\{g\},\{b\},\emptyset,\{b,g,h\},\{g,h\},\{c,g,h\},\{b,c\},\{c\},\{b,d,f\},\{d\},\{d,f\},\{c,d\},\{c,d,f\}\}$。

按照上述的计算方法，我们可以计算 α_4，β_4，α_5，β_5，α_6，β_6，α_7，β_7，α_8，β_8，我们很容易得到 $\beta_2 \supseteq \beta_3 \supseteq \beta_4 \supseteq \beta_5 \supseteq \cdots \supseteq \beta_8$，并且 $\beta_2 \nsubseteq \beta_1$。按照定理2.2.8，我们可得 $\underline{\mathscr{B}}_M(G, M, I)$ 为 $\beta_1 \cup \beta_2 \cup \{M\}$，即 $\underline{\mathscr{B}}_M(G, M, I) = \{\{b, g\}, \{g\}, \{b\}, \emptyset, \{b, g, h\}, \{g, h\}, \{c, g, h\}, \{b, c\}, \{c\}, \{b, d, f\}, \{d\}, \{d, f\}, \{c, d\}, \{c, d, f\}, \{b, g, c, h\}, \{c, g, h, i\}, \{b, c, d, f\}, \{c, d, e\}, M\}$。对 $\underline{\mathscr{B}}_M(G, M, I)$ 中的每个元素求所对应的外延，

从而得到所有概念，进而得到相应的概念格如图 2－1 所示。

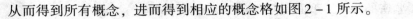

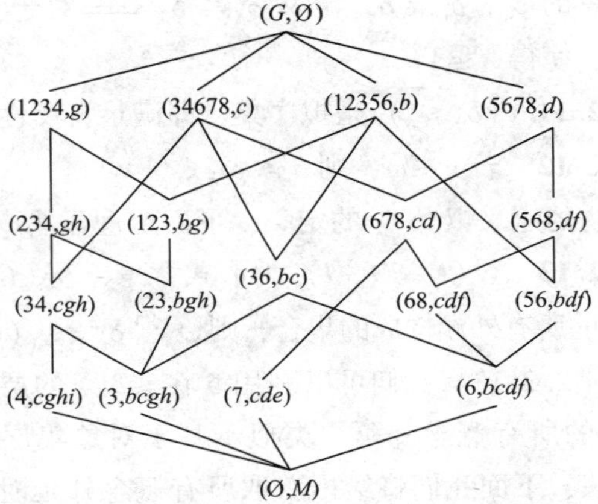

图 2－1 表 2－1 相应的概念格

2.2.2 属性集层次构造法

这一小节我们将研究经典概念格基于属性集层次结构的构造方法，并给出相关研究结果。由于形式背景中对象集与属性集的对偶性，我们略去了相关结论的证明。

定义 2.2.2 设 (G, M, I) 为形式背景，$|G|<\infty$，$|M|<\infty$。定义 $\gamma_n=\{A\mid A\subseteq M$ 且 $|A|=n\}$，$\delta_n=\{X\mid X\subseteq G,\ X=A^I$ 且 $A\in\gamma_n\}$，其中 $n=1,2,\cdots,|M|$，这里 $|\cdot|$ 表示集合的基数。

记 $\gamma=\{\gamma_n\mid n=1,2,\cdots,|M|\}$。对于任意的 $\gamma_n,\gamma_m\in\gamma$，定义 $\gamma_n\leqslant_\gamma\gamma_m\Longleftrightarrow$ 对于任意 $A\in\gamma_n$，都存在 $B\in\gamma_m$ 使得 $A\subseteq B$。

类似于 α_n 及 α，γ_n 及 γ 具有如下性质。

定理 2.2.9 $(\gamma,\leqslant\gamma)$ 是偏序集。

定理 2.2.10 $n\leqslant m\Longleftrightarrow\gamma_n\leqslant_\gamma\gamma_m$，其中 $n,m=1,2,\cdots,|M|$。

上述定理表明，γ 具有与有限自然数子集同构的层次结构。记 $\delta=\{\delta_n\mid n=1,2,\cdots,|M|\}$。通过定义 2.2.2，$\delta$ 与 γ 具有

紧密的联系。下面我们研究 δ 所具有的结构。

对于任意的 δ_n，$\delta_m \in \delta$，定义 $\delta_n \leqslant_\delta \delta_m \Longleftrightarrow$ 对于任意 $X \in \delta_n$，都存在 $Y \in \delta_m$ 使得 $X \subseteq Y$。

定理 2.2.11　$(\delta, \leqslant_\delta)$ 是拟序集，即满足自反性及传递性。

定理 2.2.12　若 $n \leqslant m$，则 $\delta_n \leqslant_\delta \delta_m$。

根据概念的定义以及 δ_n 的定义，下面定理显然成立。

定理 2.2.13　设 (G, M, I) 为形式背景，$\underline{\mathscr{B}}_G(G, M, I)$ 是 (G, M, I) 的所有外涵构成的集合，则 $\cup_{n=0}^{|M|} \delta_n = \underline{\mathscr{B}}_G(G, M, I)$。

通过定理 2.2.13，我们可以利用 δ 在 $\leqslant_\delta$ 下的层次结构计算 (G, M, I) 的所有概念外延。类似于基于对象集层次结构的概念格构造方法，下面我们将给出获取所有概念外延时，所需计算的最少层数的判定条件。

定理 2.2.14　设 (G, M, I) 为形式背景，γ_n，δ_n 如定义 2.2.2 所示，若存在 $n_0 \in \{1, 2, \cdots, |M|\}$ 满足 $\delta_{n_0+1} \subseteq \delta_{n_0}$，则 $\delta_{n_0+2} \subseteq \delta_{n_0+1}$。

推论 2.2.3　设 (G, M, I) 为形式背景，γ_n，δ_n 如定义 2.2.2 所示，若存在 $n_0 \in \{1, 2, \cdots, |M|\}$ 满足 $\delta_{n_0+1} \subseteq \delta_{n_0}$，则对于任意的 m，$n_0 < m \leqslant |M|$，都有 $\delta_m \subseteq \delta_{n_0}$。

定理 2.2.14 与推论 2.2.3 表明了当 $\delta_{n_0+1} \subseteq \delta_{n_0}$ 时，再计算后面层时不会出现新的概念外延，故满足上述条件的 n_0+1 是计算所有概念外延所需要的层数。下面，我们将说明 n_0+1 是计算所有概念外延所需要的最少层数。

定理 2.2.15　设 (G, M, I) 为形式背景，γ_n，δ_n 如定义 2.2.2 所示，若存在 $n_0 \in \{1, 2, \cdots, |M|\}$ 满足 $X \in \delta_{n_0}$，对于任意的 m，$1 \leqslant m < n_0$，若 $X \notin \delta_m$，则 $X \notin \delta_{m-1}$。

推论 2.2.4　设 (G, M, I) 为形式背景，γ_n，δ_n 如定义 2.2.2 所示，若存在 $n_0 \in \{1, 2, \cdots, |M|\}$ 满足 $X \in \delta_{n_0}$，且 $X \notin \delta_{n_0-1}$，

则对于任意的 m，$1 \leq m < n_0$，$X \notin \delta_m$。

定理 2.2.15 与推论 2.2.4 表明了后一层相对于上一层所产生的新的概念外延不可能出现在其之前的任意一层中。换句话说，计算后面一层是必要的，只有达到了后一层所产生的概念外延包含在前一层所产生的外延中，才终止计算，进而说明了 $n_0 + 1$ 是计算所有概念外延所需要的最少层数。

定理 2.2.16 设 (G, M, I) 为形式背景，γ_n，δ_n 如定义 2.2.2 所示，则 $\delta_{n_0+1} \subseteq \delta_{n_0} \Longleftrightarrow \cup_{n=0}^{n_0} \delta_n = \underline{\mathcal{B}}_G(G, M, I)$。

类似于定理 2.2.8，在定理 2.2.16 中，我们规定当 $n_0 = |M|$ 时，$\delta_{n_0+1} = \emptyset$。

下面我们通过例子描述基于属性集层次结构的概念格构造的过程。

例 2.2.2(续例 2.2.1) 按照定义 2.2.2，我们计算 γ_i 及 δ_i $(i = 1, 2, 3, \cdots, 8)$ 如下：

$\gamma_1 = \{\{b\}, \{c\}, \{d\}, \{e\}, \{f\}, \{g\}, \{h\}, \{i\}\}$，

$\delta_1 = \{\{1,2,3,5,6\}, \{3,4,6,7,8\}, \{5,6,7,8\}, \{7\}, \{5,6,8\}, \{1,2,3,4\}, \{2,3,4\}, \{4\}\}$，

$\gamma_2 = \{\{b,c\}, \{b,d\}, \{b,e\}, \{b,f\}, \{b,g\}, \{b,h\}, \{b,i\}, \{c,d\}, \{c,e\}, \{c,f\}, \{c,g\}, \{c,h\}, \{c,i\}, \{d,e\}, \{d,f\}, \{d,g\}, \{d,h\}, \{d,i\}, \{e,f\}, \{e,g\}, \{e,h\}, \{e,i\}, \{f,g\}, \{f,h\}, \{f,i\}, \{g,h\}, \{g,i\}, \{h,i\}\}$，

$\delta_2 = \{\{3,6\}, \{7\}, \{4\}, \emptyset, \{1,2,3\}, \{5,6\}, \{6,7,8\}, \{2,3\}, \{6,8\}, \{3,4\}, \{5,6,8\}, \{2,3,4\}\}$，

$\gamma_3 = \{\{b,c,d\}, \{b,c,e\}, \{b,c,f\}, \{b,c,g\}, \{b,c,h\}, \{b,c,i\}, \{c,d,e\}, \{c,d,f\}, \{c,d,g\}, \{c,d,h\}, \{c,d,i\}, \{d,e,f\}, \{d,e,g\}, \{d,e,h\}, \{d,e,i\}, \{e,f,g\}, \{e,f,h\}, \{e,f,i\}, \{f,g,h\}, \{f,g,i\}, \{g,h,i\}, \{b,d,e\}, \{b,d,f\}, \{b,d,g\}, \{b,d,h\}, \{b,d,i\}, \{c,e,f\},$

$\{c,e,g\}$，$\{c,e,h\}$，$\{c,e,i\}$，$\{d,f,g\}$，$\{d,f,h\}$，$\{d,f,i\}$，$\{e,g,h\}$，
$\{e,g,i\}$，$\{f,h,i\}$，$\{b,e,f\}$，$\{b,e,g\}$，$\{b,e,h\}$，$\{b,e,i\}$，$\{c,f,g\}$，
$\{c,f,h\}$，$\{c,f,i\}$，$\{d,g,h\}$，$\{d,g,i\}$，$\{e,h,i\}$，$\{b,f,g\}$，$\{b,f,h\}$，
$\{b,f,i\}$，$\{c,g,h\}$，$\{c,g,i\}$，$\{d,h,i\}$，$\{b,g,h\}$，$\{b,g,i\}$，$\{c,h,i\}$，
$\{b,h,i\}\}$，

$\delta_3 = \{\{5,6\}, \{6\}, \{3\}, \varnothing, \{2,3\}, \{7\}, \{6,8\}, \{3,4\}, \{4\}\}$，

$\delta_4 = \{\{5,6\}, \{6\}, \{3\}, \varnothing, \{2,3\}, \{7\}, \{6,8\}, \{4\}\}$。

按照上述的计算方法，我们可以计算 γ_4，δ_4，γ_5，δ_5，γ_6，
δ_6，γ_7，δ_7，γ_8，δ_8，我们很容易得到 $\delta_3 \supseteq \delta_4 \supseteq \delta_5 \supseteq \cdots \supseteq \delta_8$，并且
$\delta_3 \nsubseteq \delta_2$。按照定理 2.2.8，我们可得 $\underline{\mathcal{B}}_G(G, M, I)$ 为 $\delta_1 \cup \delta_2 \cup$
$\{G\}$，即 $\underline{\mathcal{B}}_G(G, M, I) = \{\{5, 6\}, \{6\}, \{3\}, \varnothing, \{1, 2, 3\},$
$\{2, 3\}$，$\{6, 7, 8\}$，$\{3, 6\}$，$\{7\}$，$\{5, 6, 8\}$，$\{4\}$，
$\{6, 8\}$，$\{3, 4\}$，$\{2, 3, 4\}$，$\{1, 2, 3, 4\}$，$\{5, 6, 7, 8\}$，
$\{3, 4, 6, 7, 8\}$，$\{1, 2, 3, 5, 6\}$，$G\}$。对 $\underline{\mathcal{B}}_G(G, M, I)$ 中
的每个元素求所对应的内涵，从而得到所有概念，进而得到相应
的概念格如图 2 - 1 所示。

2.2.3　算法与实验

由于对象集与属性集的对偶性，本小节将只针对于第 2.2.1
节给出的基于对象集层次结构的经典概念格的构造方法，给出相
应的算法。为了检验新算法的有效性，首先给出利用形式概念的
定义求解内涵的算法。

算法 2 - 1 是基于形式概念的定义给出的，用来求解所有概
念内涵的算法。

基于概念定义的内涵获取算法——算法 2 - 1：

（1）输入形式背景(G, M, I)；

（2）令 step = 1；

（3）令 stepset = A，formerstepset = stepset；

（4）令 Intentset = A；

（5）step + +；

（6）while(step ≤ $|G|$) {stepset = {$\alpha \cap \beta \mid \alpha \in$ formerstepset, $\beta \in A$} Intentset = Intentset ∪ stepset；step + +；}；

（7）输出 Intentset。

算法 2－2 是基于定理 2.2.8 给出的，用来求解所有概念内涵的算法。相对于算法 2－1，我们添加了截止条件。

基于定理 2.2.8 的内涵获取算法——算法 2－2：

（1）输入形式背景(G，M，I)；

（2）令 step = 1；

（3）令 stepset = A，formerstepset = stepset；

（4）令 Intentset = A；

（5）step + +；

（6）while(step ≤ $|G|$) {stepset = {$\alpha \cap \beta \mid \alpha \in$ formerstepset, $\beta \in A$} if(stepset ⊈ formerstepset) {Intentset = Intentset ∪ stepset；step + +；} else {return}}；

（7）输出 Intentset。

算法 2－1 与算法 2－2 中第 i 步的时间复杂度为 $O(C^i_{|G|})$。从而算法 2－1 的时间复杂度为 $O(2^N)$。假设算法 2－2 在第 k 步截止，故算法 2－2 的时间复杂度为 $O(\Sigma_{i=1}^{i=k}(C^i_N))$。虽然算法 2－2 并没有改变求解形式背景 NP 难问题，但相对于算法 2－1，时间复杂度往往相应减小，最坏情况与算法 2－1 的时间复杂度是一样的。

下面，我们用四个数据做实验。我们的实验环境规格是 64 位操作系统，intel i3－4130 处理器，3.4GHz 主频，4GB 只读存储器。

数据1：在例2.2.1中提到的“生物与水”的形式背景。

数据2：病人与病症，其对象集是有12位病人组成，属性集是有8个病症组成，其中 a：头疼，b：发烧，c：四肢疼痛，d：颈部腺体肿胀，e：发冷，f：颈部僵硬，g：出疹子，h：呕吐。形式背景具体如下表2－2所示。

表2－2 “病人与病症”（G，M，I）

G	a	b	c	d	e	f	g	h
1	×	×	×		×			
2	×	×				×		×
3		×			×		×	
4	×	×				×		×
5	×	×	×		×			
6		×			×		×	
7		×			×		×	
8							×	
9	×	×	×		×			
10							×	
11	×	×	×		×			
12	×	×				×		×

数据3：细菌分类。6种生物杆菌：大肠杆菌，伤寒杆菌，肺炎杆菌，普通变形杆菌，摩氏变形杆菌及黏质沙雷氏杆菌。构成了对象集，16种表征特征：H2S，MAN，LYS，IND，ORN，CIT，URE，ONP，VPT，INO，LIP，PHE，MAL，ADO，ARA，及RHA构成了属性集。

数据4：在超国家群组中发展中国家的关系。在此数据中，130个发展中国家构成了对象集。6种性质构成了属性集(77国集团，不结盟的，最不发达的国家，最受影响的国家，石油输出组织中的国家，非洲加勒比海和太平洋的国家)。

实验结果被显示在表 2 - 3 及图 2 - 2 上，其中 Time1 与 Time2 分别是算法 2 - 1 与算法 2 - 2 所运行的时间，$|I|$ 表示内涵的个数。效率等于(Time1 - Time2)/Time1。

表 2 - 3　"算法比较"

数据	$\|G\|$	$\|M\|$	$\|I\|$	Time1	Time2	效率
1	8	8	19	733	686	6.4%
2	12	8	9	733	718	2.1%
3	17	16	53	921	733	20.4%
4	130	6	23	1504	1217	19.1%

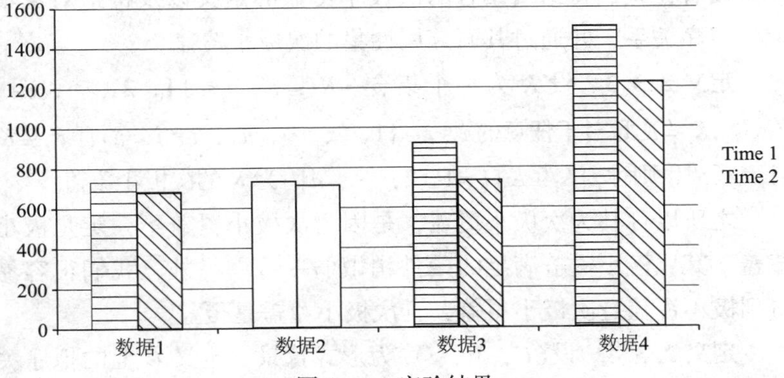

图 2 - 2　实验结果

2.3　经典概念格的子背景分解构造法

大数据时代的到来，迫使我们寻找更一般的构格方法。实现并行算法，可以在一定程度上解决大数据带来的一些困扰。本节，我们将利用形式背景的某种合适的分解方式构造可利用并行算法求解概念格的方法。

2.3.1 属性集次极小覆盖构造法

在这一小节中，我们将保持对象集不变，对属性集进行分解，得到一些子背景，进而通过研究这些子背景与原背景的关系，得到原背景所对应的概念格。首先回顾子背景与闭关系的定义。

定义 2.3.1 设 (G, M, I) 为形式背景。若 $H\subseteq G$ 且 $N\subseteq M$，则称 $(H, N, I\cap H\times N)$ 为 (G, M, I) 的子背景。

定义 2.3.2 设 (G, M, I) 为形式背景，$J\subseteq I$。若 (G, M, J) 的所有概念都是 (G, M, I) 的概念，则称 J 为 (G, M, I) 的闭关系。

接着，我们将给出集合的次极小覆盖的定义以及构造对象集上的拟序关系，并通过其研究属性集的次极小覆盖。

定义 2.3.3 设 K 为一个集合。$K_i\subseteq K$，$i\in\{1, 2, \cdots, n\}$。若 $\cup_{i=1}^{n}K_i=K$ 且对于任意的 $i, j\in\{1, 2, \cdots, n\}$，$i\neq j$，都有 $K_i\nsubseteq K_j$ 且 $K_j\nsubseteq K_i$，则称 $\{K_i\subseteq K \mid i=1, 2, \cdots, n\}$ 为 K 的次极小覆盖。

之所以称其为次极小覆盖，是因为次极小覆盖不一定是极小覆盖，其比极小覆盖满足的条件稍微弱一些。另外，我们很容易得到极小覆盖是次极小覆盖，且次极小覆盖是覆盖。

定义 2.3.4 设 (G, M, I) 为形式背景。定义 G 上的拟序关系 R：$R=\{(g_i, g_j) \mid g_i^I\subseteq g_j^I, g_i, g_j\in G\}$。相应的拟序类记作 $[g_i]_R$，为 $[g_i]_R=\{g_j \mid (g_i, g_j)\in R\}$。定义 $\overline{\mathcal{F}}$：$\{[g_i]_R \mid g_i\in G\}\rightarrow\mathcal{P}(\mathcal{P}(M))$，对于任意的 $[g_i]_R\in\{[g_i]_R \mid g_i\in G\}$，有 $\overline{\mathcal{F}}([g_i]_R)=\{g_j^I \mid g_j\in[g_i]_R\}$。令 $\mathcal{F}=\cup\{max\,\overline{\mathcal{F}}([g_i]_R) \mid g_i\in G\}$。

在此，我们可以用列举法表示集合 $\mathcal{F}$，即 $\{A_i \mid i\in\{1, 2, \cdots, |\mathcal{F}|\}\}$，其中 $|\bullet|$ 表示集合的基数。

下面，我们给出 $\mathcal{F}$ 的一些相关性质。

定理 2.3.1 设 (G, M, I) 为形式背景，$\mathcal{F}$ 如定义 2.3.4 所

示，则下列说法成立：

（1）对于任意的 $A_i \in \mathcal{F}$，都存在 $g \in G$ 满足 $\{g^I\} = \{A_i\} = max\,\overline{\mathcal{F}}([g]_R)$；

（2）$|\mathcal{F}| \leqslant |G|$；

（3）$\mathcal{F}$是 M 的次极小覆盖。

证明　（1）对于任意的 $A_i \in \mathcal{F}$，由$\mathcal{F}$的定义知，存在 $g_k \in G$ 使得 $A_i \in max\,\overline{\mathcal{F}}([g_k]_R)$。由$\overline{\mathcal{F}}([g_k]_R)$ 的定义知，存在 $g \in G$ 使得 $A_i = g^I$ 且 $g_k^I \subseteq g^I$。我们断言：$max\,\overline{\mathcal{F}}([g]_R) = \{g^I\}$ 成立。否则，存在 $g_j \in G$ 使得 $g^I \subseteq g_j^I$。从而 $g_k^I \subseteq g^I \subseteq g_j^I$。故 $g_j^I \in \overline{\mathcal{F}}([g_k]_R)$。此与 $A_i = g^I$为$\overline{\mathcal{F}}([g_k]_R)$ 的极大元矛盾。

（2）由(1) 知 $|\mathcal{F}| \leqslant |G|$ 显然成立。

（3）对于任意的 $m \in M$，由于(G, M, I) 是正则的形式背景，则存在 $g \in G$ 使得 gIm，即 $m \in g^I$。由 $max\,\overline{\mathcal{F}}([g]_R)$ 的定义知，存在 $g_k \in G$ 使得 $g_k^I \in max\,\overline{\mathcal{F}}([g]_R)$。显然，$m \in g^I \subseteq g_{k\,\in}^I \mathcal{F}$。从而 $m \in \cup_{i=1}^{|\mathcal{F}|} Y_i$。由 m 的任意性知，$M \subseteq \cup_{i=1}^{|\mathcal{F}|} A_i$。又 $\cup_{i=1}^{|\mathcal{F}|} A_i \subseteq M$是显然成立的，从而我们有 $M = \cup_{i=1}^{|\mathcal{F}|} A_i$。

对于任意的 A_i，$A_j \in \mathcal{F}$，我们断言：当 $A_i \neq A_j$ 时，A_i，A_j 是互相不包含的，即 $A_i \not\subseteq A_j$ 且 $A_j \not\subseteq A_i$。否则，不失一般性，我们假设 $A_i \subseteq A_j$。因为 A_i，$A_j \in \mathcal{F}$，由(1) 知，存在 g，$h \in G$ 使得 $\{g^I\} = \{A_i\} = max_{\mathcal{F}}([g]_R)$ 且 $\{h^I\} = \{A_j\} = max\,\overline{\mathcal{F}}([h]_R)$。从而 $g^I \subseteq h^I$。由 $[g]_R$ 的定义知，$h \in [g]_R$。因此 $h^I \in max\,\overline{\mathcal{F}}([g]_R)$，即 $A_j \subseteq A_i$。从而 $A_i = A_j$。此与 $A_i \neq A_j$ 矛盾。由定义 2.3.3 知，$\mathcal{F}$是 M 的次极小覆盖。

综上所述，定理 2.3.1 得证。

下面的例子给出计算$\mathcal{F}$的过程。

例 2.3.1　考虑表 2－1 的形式背景(G, M, I)。

首先，对于所有的 $g \in G$，我们计算 g^I如下所示：

$1^I=\{b, g\}$, $2^I=\{b, g, h\}$, $3^I=\{b, c, g, h\}$,

$4^I=\{c, g, h, i\}$, $5^I=\{b, d, f\}$, $6^I=\{b, c, d, f\}$,

$7^I=\{c, d, e\}$, $8^I=\{c, d, f\}$。

根据定义 2.3.4 中 G 上拟序关系 R 的定义，我们计算 $R=\{(1, 1), (1, 2), (1, 3), (2, 2), (2, 3), (3, 3), (4, 4), (5, 5), (5, 6), (6, 6), (7, 7), (8, 8), (8, 6)\}$。其次，对于所有的 $g\in G$，我们计算 $[g]_R$ 如下所示：

$[1]_R=\{1,2,3\}, [2]_R=\{2,3\}, [3]_R=\{3\}, [4]_R=\{4\}$,

$[5]_R=\{5,6\}, [6]_R=\{6\}, [7]_R=\{7\}, [8]_R=\{6,8\}$。

然后，对于所有的 $[g]_R$，我们计算 $\overline{\mathcal{F}}([g]_R)$ 如下所示：

$\overline{\mathcal{F}}([1]_R)=\{\{b,g\},\{b,g,h\},\{b,c,g,h\}\}$,

$\overline{\mathcal{F}}([2]_R)=\{\{b,g,h\},\{b,c,g,h\}\}$,

$\overline{\mathcal{F}}([3]_R)=\{\{b,c,g,h\}\}$,

$\overline{\mathcal{F}}([4]_R)=\{\{c,g,h,i\}\}$,

$\overline{\mathcal{F}}([5]_R)=\{\{b,d,f\},\{b,c,d,f\}\}$,

$\overline{\mathcal{F}}([6]_R)=\{\{b,c,d,f\}\}$,

$\overline{\mathcal{F}}([7]_R)=\{\{c,d,e\}\}$,

$\overline{\mathcal{F}}([8]_R)=\{\{c,d,f\},\{b,c,d,f\}\}$。

最后，对于所有的 $[g]_R$，我们计算 $max\,\overline{\mathcal{F}}([g]_R)$ 如下所示：

$max\,\overline{\mathcal{F}}([1]_R)=\{\{b, c, g, h\}\}$,

$max\,\overline{\mathcal{F}}([2]_R)=\{\{b, c, g, h\}\}$,

$max\,\overline{\mathcal{F}}([3]_R)=\{\{b, c, g, h\}\}$,

$max\,\overline{\mathcal{F}}([4]_R)=\{\{c, g, h, i\}\}$,

$max\,\overline{\mathcal{F}}([5]_R)=\{\{b, c, d, f\}\}$,

$max\,\overline{\mathcal{F}}([6]_R)=\{\{b, c, d, f\}\}$,

$max\,\overline{\mathcal{F}}([7]_R)=\{\{c, d, e\}\}$,

$max\overline{\mathcal{F}}([8]_R) = \{\{b, c, d, f\}\}$。

通过上述计算，按照$\mathcal{F}$的定义，我们得到$\mathcal{F} = \cup \{max\overline{\mathcal{F}}([g]_R) \mid g \in G\} = \{\{b, c, g, h\}, \{c, g, h, i\}, \{b, c, d, f\}, \{c, d, e\}\}$。

很容易看到$|\mathcal{F}| = 4$。而$|G| = 8$，所以显然有$|\mathcal{F}| \leqslant |G|$成立。

另外，$\cup\mathcal{F} = \{b, c, g, h\} \cup \{c, g, h, i\} \cup \{b, c, d, f\} \cup \{c, d, e\} = M$，并且我们很容易验证在$\mathcal{F}$中，任意两个元素均互不包含。因此，$\mathcal{F}$是$M$的次极小覆盖。

定理 2.3.2 设(G, M, I)为形式背景，$\mathcal{F}$如定义 2.3.4 所示，$A_i \in \mathcal{F}$，$J_i = I \cap (G \times A_i)$，则下列说法成立：

(1) 对于任意的$i \in \{1, 2, \cdots, |\mathcal{F}|\}$，$(G, A_i, J_i)$是$(G, M, I)$的子背景；

(2) 对于任意的$i \in \{1, 2, \cdots, |\mathcal{F}|\}$，$J_i$是闭关系且$\cup_{i=1}^{|\mathcal{F}|} J_i = I$；

(3) $\cup_{i=1}^{|\mathcal{F}|} \underline{\mathcal{B}}(G, A_i, J_i) \cup \{(\varnothing, M)\} = \underline{\mathcal{B}}(G, M, I)$。

证明 (1) 由子背景的定义知(1) 显然成立。

(2) 因为$J_i = I \cap (G \times A_i)$，所以$J_i \subseteq I$。另外，对于任意的$(X, A) \in \underline{\mathcal{B}}(G, A_i, J_i)$，因为$(A_i^{J_i}, A_i)$是$\underline{\mathcal{B}}(G, A_i, J_i)$中最小概念，所以我们有$(A_i^{J_i}, A_i) \leqslant (X, A)$，故$A \subseteq A_i$。又由定理 2.3.1(1) 知，存在$g \in G$使得$A_i = g^I$。故$A_i$是$(G, M, I)$的内涵。因此$A_i^{II} = A_i$。因为$A \subseteq A_i$，所以由算子性质知$A^{II} \subseteq A_i^{II} = A_i$。又因为$J_i = I \cap (G \times A_i)$，所以我们有$X = A^{J_i} = A^I$且$A = X^{J_i} = X^{I \cap G \times A_i} = X^I \cap A_i = A^{II} \cap A_i = A^{II}$。因此，$A$是$(G, M, I)$的内涵。故$(X, A) \in \underline{\mathcal{B}}(G, M, I)$。由闭关系的定义知，$J_i$是闭关系。

由定理 2.3.1 知，$\cup_{i=1}^{|\mathcal{F}|} A_i = M$。因此，我们有$I = I \cap (G \times M) = I \cap (G \times \cup_{i=1}^{|\mathcal{F}|} A_i) = I \cap (\cup_{i=1}^{|\mathcal{F}|} (G \times A_i)) = \cup_{i=1}^{|\mathcal{F}|} (I \cap (G \times A_i)) =$

$\cup_{i=1}^{|\mathcal{F}|} J_i$。

(3) 由(2) 的证明知，对于任意的$i \in \{1, 2, \cdots, |\mathcal{F}|\}$，我们有$\underline{\mathcal{B}}(G, A_i, J_i) \subseteq \underline{\mathcal{B}}(G, M, I)$，从而$\cup_{i=1}^{|\mathcal{F}|} \underline{\mathcal{B}}(G, A_i, J_i) \subseteq \underline{\mathcal{B}}(G, M, I)$。因为$(G, M, I)$ 是正则形式背景，所以$(\emptyset, M) \in \underline{\mathcal{B}}(G, M, I)$。因此，$\cup_{i=1}^{|\mathcal{F}|} \underline{\mathcal{B}}(G, A_i, J_i) \cup \{(\emptyset, M)\} \subseteq \underline{\mathcal{B}}(G, M, I)$。下证$\underline{\mathcal{B}}(G, M, I) \subseteq \cup_{i=1}^{|\mathcal{F}|} \underline{\mathcal{B}}(G, A_i, J_i) \cup \{(\emptyset, M)\}$。对于任意的$(X, A) \in \underline{\mathcal{B}}(G, M, I)$，我们分两种情况进行证明。第一种情况：$X = \emptyset$，即$(X, A) = (\emptyset, M)$，显然$(X, A) \in \cup_{i=1}^{|\mathcal{F}|} \underline{\mathcal{B}}(G, A_i, J_i) \cup \{(\emptyset, M)\}$。第二种情况：$X \neq \emptyset$。不妨设$g \in X$。从而$X^I \subseteq g^I$，又$A = X^I$，故$A \subseteq g^I$。由$max\,\overline{\mathcal{F}}([g]_R)$ 的定义知，存在$A_t \in max\,\overline{\mathcal{F}}([g]_R)$ 使得$A \subseteq A_t$。又因为$X^{J_t} = X^{I\cap(G\times A_t)} = X^I \cap A_t = A \cap A_t = A$ 且$A^{J_t} = A^I = X$。因此$(X, A) \in \underline{\mathcal{B}}(G, A_t, J_t)$，进而$(X, A) \in \cup_{i=1}^{|\mathcal{F}|} \underline{\mathcal{B}}(G, A_i, J_i)$。由$(A, B)$ 的任意性知，$\underline{\mathcal{B}}(G, M, I) \subseteq \cup_{i=1}^{|\mathcal{F}|} \underline{\mathcal{B}}(G, A_i, J_i) \cup \{(\emptyset, M)\}$。

综上所述，$\cup_{i=1}^{|\mathcal{F}|} \underline{\mathcal{B}}(G, A_i, J_i) \cup \{(\emptyset, M)\} = \underline{\mathcal{B}}(G, M, I)$。

通过定理2.3.2(3)，我们很容易证明对于任意的$(X, A) \in \underline{\mathcal{B}}(G, M, I)$ 且$(X, A) \neq (\emptyset, M)$，则一定有$(X, A) \in \cup_{i=1}^{|\mathcal{F}|} \underline{\mathcal{B}}(G, A_i, J_i)$。也就是说，对于任意的$(X, A) \in \underline{\mathcal{B}}(G, M, I)$ 且$(X, A) \neq (\emptyset, M)$，则存在$k \in \{1, 2, \cdots, |\mathcal{F}|\}$ 使得$(X, A) \in \underline{\mathcal{B}}(G, A_k, J_k)$。显然下面结论成立。

推论2.3.1 设(G, M, I) 为形式背景，$\mathcal{F}$如定义2.3.4所示，对于任意的$A \in \underline{\mathcal{B}}_M(G, M, I)$，$A \neq M$，则存在$k \in \{1, 2, \cdots, |\mathcal{F}|\}$ 使得$A \subseteq A_k$。

例2.3.2(续例2.3.1) 通过例2.3.1，我们计算出了M的次极小覆盖$\mathcal{F}$为$\mathcal{F} = \cup\{max\,\overline{\mathcal{F}}([g]_R) \mid g \in G\} = \{\{b, c, g, h\}, \{c, g, h, i\}, \{b, c, d, f\}, \{c, d, e\}\}$。在$\mathcal{F}$的基础上，按照定理2.3.2，我们可以获得到四个子背景分别如表2-4、表2-5、表2-6

及表2-7所示。另外，这四个子背景相应的概念格分别如图2-3~图2-6所示。通过计算，我们很容易得到$(I\cap(G\times\{b,c,d,f\}))\cup(I\cap(G\times\{b,c,g,h\}))\cup(I\cap(G\times\{c,g,h,i\}))\cup(I\cap(G\times\{c,d,e\}))=I$，且$\underline{\mathfrak{B}}(G,\{b,c,d,f\},I\cap(G\times\{b,c,d,f\}))\cup\underline{\mathfrak{B}}(G,\{b,c,g,h\},I\cap(G\times\{b,c,g,h\}))\cup\underline{\mathfrak{B}}(G,\{c,g,h,i\},I\cap(G\times\{c,g,h,i\}))\cup\underline{\mathfrak{B}}(G,\{c,d,e\},I\cap(G\times\{c,d,e\}))=\underline{\mathfrak{B}}(G,M,I)$。

表2-4 $(G,\{b,c,d,f\},I\cap(G\times\{b,c,d,f\}))$

G	b	c	d	f
1	×			
2	×			
3	×	×		
4		×		
5	×		×	×
6	×	×	×	×
7		×	×	
8		×	×	×

表2-5 $(G,\{b,c,g,h\},I\cap(G\times\{b,c,g,h\}))$

G	b	c	g	h
1	×	×		
2	×		×	×
3	×	×	×	×
4		×	×	×
5	×			
6	×	×		
7		×		
8		×		

表 2-6 $(G, \{c, g, h, i\}, I \cap (G \times \{c, g, h, i\}))$

G	c	g	h	i
1		×		
2		×	×	
3	×	×	×	
4	×	×	×	×
5				
6	×			
7	×			
8	×			

表 2-7 $(G, \{c, d, e\}, I \cap (G \times \{c, d, e\}))$

G	c	d	e
1			
2			
3	×		
G	c	d	e
4	×		
5		×	
6	×	×	
7	×	×	×
8	×	×	

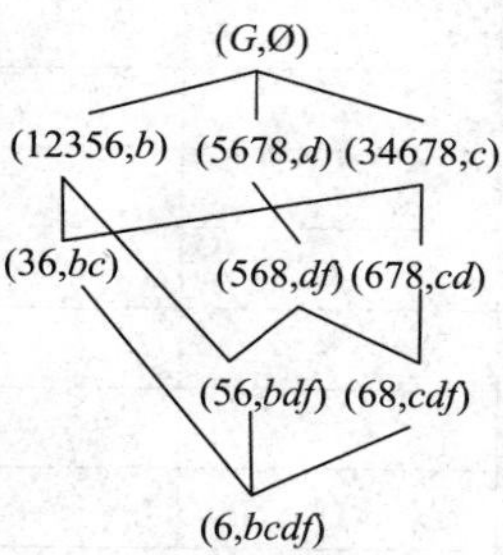

图 2-3 表 2-4 的 $\underline{\mathcal{B}}(G, \{b, c, d, f\}, I \cap (G \times \{b, c, d, f\}))$

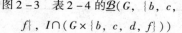

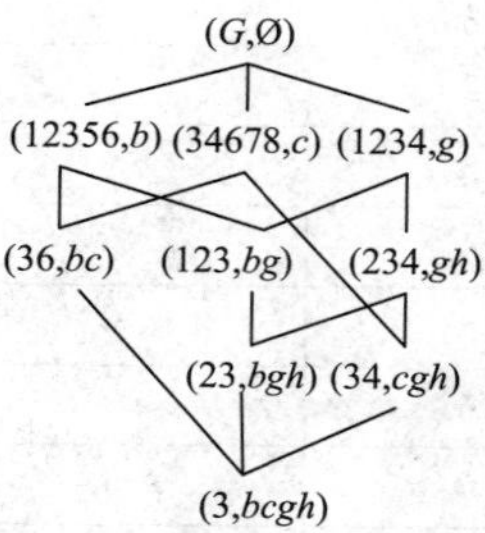

图 2-4 表 2-5 的 $\underline{\mathcal{B}}(G, \{b, c, g, h\}, I \cap (G \times \{b, c, g, h\}))$

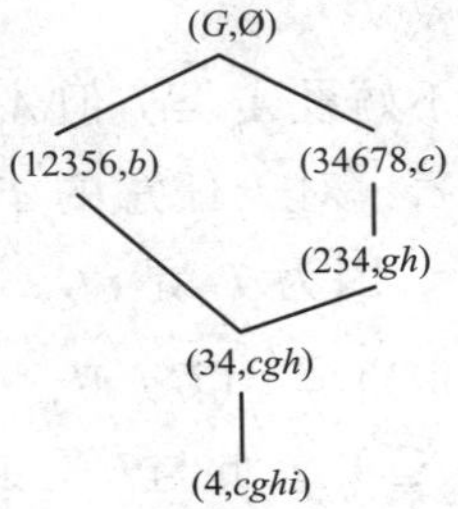

图2-5 表2-6的$\underline{\mathcal{B}}(G, \{c, g, h, i\}, I\cap(G\times\{c, g, h, i\}))$

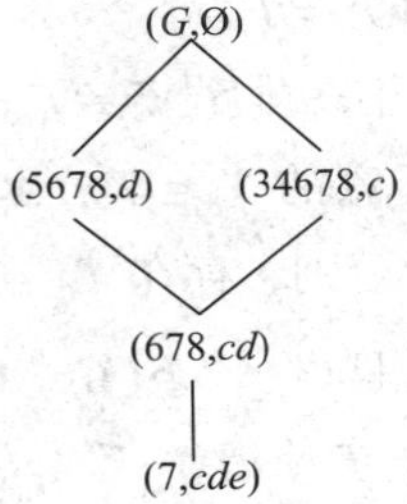

图2-6 表2-7的$\underline{\mathcal{B}}(G, \{c, d, e\}, I\cap(G\times\{c, d, e\}))$

事实上，定理2.3.2不仅给出背景的一种分解方式如定理2.3.2中的(2)，而且还指出此分解方式对应着经典概念格的一种计算方式如定理2.3.2中的(3)。下面，我们给出这种背景分解的准确刻画，并证明这种背景分解是唯一的。

定义2.3.5 设(G, M, I)为形式背景。$\mathcal{T}$是M的次极小覆盖。若$\cup_{i=1}^{|\mathcal{T}|}\underline{\mathcal{B}}(G, T_i, I_i)\cup\{(\varnothing, M)\}=\underline{\mathcal{B}}(G, M, I)$，其中$T_i\in\mathcal{T}$且$I_i=I\cap(G\times T_i)$，则称$\{(G, T_i, I_i)\mid T_i\in\mathcal{T}$且$I_i=I\cap(G\times T_i)\}$是$(G, M, I)$的基于属性集次极小覆盖的分解。

定理2.3.3 设(G, M, I)为形式背景。则(G, M, I)的基于属性集次极小覆盖的分解是唯一的，即$\{(G, A_i, I\cap(G\times A_i))\mid A_i\in\mathcal{F}\}$是$(G, M, I)$的唯一的基于属性集次极小覆盖的分解，其中$\mathcal{F}$如定义2.3.4所示。

证明 $\mathcal{F}$如定义2.3.4所示。通过定理2.3.1，我们很容易知$\mathcal{F}$是M的次极小覆盖。另外，由定理2.3.2知$\cup_{i=1}^{|\mathcal{F}|}\underline{\mathcal{B}}(G, A_i, J_i)\cup\{(\varnothing, M)\}=\underline{\mathcal{B}}(G, M, I)$。从而由定义2.3.5知$\{(G, A_i, I\cap(G\times A_i))\mid A_i\in\mathcal{F}\}$是$(G, M, I)$的基于属性集次极小覆盖的分解。

设$\mathcal{T}$是M的任意次极小覆盖，且$\{(G, T_i, I_i)\mid T_i\in\mathcal{T}$且$I_i=I\cap(G\times T_i)\}$是$(G, M, I)$的基于属性集次极小覆盖的分

解。下证$\mathcal{F}=\mathcal{T}$。

反证法。假设$\mathcal{F}\neq\mathcal{T}$。不失一般性，不妨设 $A_{j0}\in\mathcal{F}$ 但 $A_{j0}\in\mathcal{T}$，即对于任意的 $T_i\in\mathcal{T}$，$A_{j0}\neq T_i$。我们断言：对于任意的 $T_i\in\mathcal{T}$，$A_{j0}\neq T_i$。否则，存在 $T_{i_0}\in\mathcal{T}$ 使得 $A_{j0}\subseteq T_{i_0}$。因为 T_{i_0} 是(G, M, I)的内涵，且$\cup_{i=1}^{|\mathcal{F}|}\underline{\mathcal{B}}(G, A_i, J_i)\cup\{(\emptyset, M)\}=\underline{\mathcal{B}}(G, M, I)$，故存在$A_{k_0}\in\mathcal{F}$使得 $T_{i_0}\subseteq A_{k_0}$。因此，$A_{j0}\subseteq T_{i_0}\subseteq A_{k_0}$。此与$\mathcal{F}$是 M 的次极小覆盖矛盾。因此，断言成立。因为A_{j0}是(G, M, I) 的内涵，所以$A_{j0}\in\underline{\mathcal{B}}(G, M, I)$。又$\cup_{i=1}^{|\mathcal{T}|}\underline{\mathcal{B}}(G, T_i, I_{\mathrm{i}})\cup\{(\emptyset, M)\}=\underline{\mathcal{B}}(G, M, I)$，从而存在 $T_{i_0}\in\mathcal{T}$，$A_{j0}\not\subseteq T_{i_0}$，故矛盾，从而$\mathcal{F}=\mathcal{T}$成立。

2.3.2 对象集次极小覆盖构造法

这一小节中，我们将提出一种类似于上一小节的背景分解方式。不同之处是，这一小节的背景分解方式是从对象的角度出发。换句话说，我们将保持属性集不变寻找原背景的子背景。这种想法的产生是出自对象集与属性集的对偶性。因此，以下定理的证明仿照上一小节很容易得到，在此我们略去证明。

下面，我们首先给出一些相关的定义。

定义 2.3.6 设(G, M, I) 为形式背景。定义 M 上的拟序关系 S 为：$S=\{(m_i, m_j)\mid m_i^I\subseteq m_j^I, m_i, m_j\in M\}$。相应的拟序类记作 $[m_i]_S$，为 $[m_i]_S=\{m_j(m_i, m_j)\in S\}$。定义$\overline{\mathcal{G}}$：$\{[m_i]_S m_i\in M\}\to\mathcal{P}(\mathcal{P}(G))$，对于任意的 $[m_i]_S\in\{[m_i]_S\mid m_i\in M\}$，有$\overline{\mathcal{G}}([m_i]_S)=\{m_j^I\mid m_j\in[m_i]_S\}$。令$\mathcal{G}=\cup\{\max\overline{\mathcal{G}}([m_i]_S)\mid m_i\in M\}$。

类似于$\mathcal{F}$，我们在此也可以用列举法表示集合$\mathcal{G}$，即$\{X_i\mid i\in\{1, 2, \cdots, |\mathcal{G}|\}\}$，其中$|\bullet|$表示集合的基数。

下面，我们给出$\mathcal{G}$的一些相关性质。

定理 2.3.4 设(G, M, I) 为形式背景，$\mathcal{G}$如定义 2.3.6 所示，则下列说法成立：

(1) 对于任意的 $X_i \in \mathcal{G}$，都存在 $m \in M$ 满足 $\{m^I\} = \{X_i\} = max\,\overline{\mathcal{G}}([m]_S)$；

(2) $|\mathcal{G}| \leqslant |M|$；

(3) $\mathcal{G}$是 G 的次极小覆盖。

相应地，基于上述$\mathcal{G}$，形式背景(G, M, I) 及其相应的概念格有如下的性质。

定理 2.3.5 设(G, M, I) 为形式背景，$\mathcal{G}$如定义 2.3.6 所示，$X_i \in \mathcal{G}$，$J_i = I \cap X_i \times M$，则下列说法成立：

(1) 对于任意的 $i \in \{1, 2, \cdots, |\mathcal{G}|\}$，$(X_i, M, J_i)$ 是 (G, M, I) 的子背景；

(2) 对于任意的 $i \in \{1, 2, \cdots, |\mathcal{G}|\}$，$\overline{J_i}$是闭关系且$\cup_{i=1}^{|\mathcal{G}|} \overline{J_i} = I$；

(3) $\cup_{i=1}^{|\mathcal{G}|} \underline{\mathcal{B}}(X_i, M, \overline{J_i}) \cup \{(G, \varnothing)\} = \underline{\mathcal{B}}(G, M, I)$。

定理 2.3.5(3) 表明对于任意的$(X, A) \in \underline{\mathcal{B}}(G, M, I)$ 且$(X, A) \neq (G, \varnothing)$，则$(X, A) \in \cup_{i=1}^{|\mathcal{G}|} \underline{\mathcal{B}}(X_i, M, \overline{J_i})$。从而下述推论显然成立。

推论 2.3.2 设(G, M, I) 为形式背景，$\mathcal{G}$如定义 2.3.6 所示，对于任意的 $X \in \underline{\mathcal{B}}_G(G, M, I)$，$A \neq G$，则存在 $k \in \{1, 2, \cdots, |\mathcal{G}|\}$ 使得 $X \subseteq X_k$。

类似于定理 2.3.3，定理 2.3.5 也不仅给出背景的一种分解方式如定理 2.3.5(2)，而且还指出此分解方式对应着概念格的一种计算方式如定理 2.3.5(3)。同样地，我们给出这种背景分解的准确刻画，并证明这种背景分解是唯一的。

定义 2.3.7 设(G, M, I) 为形式背景。$\mathcal{C}$是 G 的次极小覆盖。若$\cup_{i=1}^{|\mathcal{C}|} \underline{\mathcal{B}}(C_i, M, I_i) \cup \{(G, \varnothing)\} = \underline{\mathcal{B}}(G, M, I)$，其中 $C_i \in \mathcal{C}$且$\overline{I_i} = I \cap (C_i \times M)$，则称 $\{(C_i, M, \overline{I_i}) \mid C_i \in \mathcal{C}$且$\overline{I_i} = I \cap (C_i \times M)\}$ 是(G, M, I) 的基于对象集次极小覆盖的分解。

定理 2.3.6 设(G, M, I)为形式背景，则(G, M, I)的基于对象集次极小覆盖的分解是唯一的，即$\{(X_i, M, \overline{J_i}) \mid X_i \in \mathcal{G}\}$是$(G, M, I)$的唯一的基于对象集次极小覆盖的分解，其中$\mathcal{G}$如定义 2.3.6 所示。

例 2.3.3（续例 2.3.1） 首先，对于所有的$m \in M$，我们计算m^I，结果如下：

$b^I = \{1, 2, 3, 5, 6\}$，$c^I = \{3, 4, 6, 7, 8\}$，

$d^I = \{5, 6, 7, 8\}$，$e^I = \{7\}$，$f^I = \{5, 6, 8\}$，

$g^I = \{1, 2, 3, 4\}$，$h^I = \{2, 3, 4\}$，$i^I = \{4\}$。

从而，我们按照定义 2.3.6，计算M上的拟序关系S为$S = \{(b, b), (c, c), (d, d), (e, e), (e, c), (e, d), (f, f), (f, d), (g, g), (h, h), (h, g), (i, i), (i, c), (i, g), (i, h)\}$。其次，对于所有的$m \in M$，我们计算$[m]_S$如下：

$[b]_R = \{b\}$，$[c]_R = \{c\}$，$[d]_R = \{d\}$，$[e]_R = \{c, d, e\}$，

$[f]_R = \{d, f\}$，$[g]_R = \{g\}$，$[h]_R = \{g, h\}$，$[i]_R = \{c, g, h, i\}$。

再次，对于所有的$m \in M$，我们计算$\overline{\mathcal{G}}([m]_S)$如下：

$\overline{\mathcal{G}}([b]_R) = \{\{1, 2, 3, 5, 6\}\}$，

$\overline{\mathcal{G}}([c]_R) = \{\{3, 4, 6, 7, 8\}\}$，

$\overline{\mathcal{G}}([d]_R) = \{\{5, 6, 7, 8\}\}$，

$\overline{\mathcal{G}}([e]_R) = \{\{3, 4, 6, 7, 8\}, \{5, 6, 7, 8\}, \{7\}\}$，

$\overline{\mathcal{G}}([f]_R) = \{\{5, 6, 7, 8\}, \{5, 6, 8\}\}$，

$\overline{\mathcal{G}}([g]_R) = \{\{1, 2, 3, 4\}\}$，

$\overline{\mathcal{G}}([h]_R) = \{\{1, 2, 3, 4\}, \{2, 3, 4\}\}$，

$\overline{\mathcal{G}}([i]_R) = \{\{3, 4, 6, 7, 8\}, \{1, 2, 3, 4\}, \{2, 3, 4\}, \{4\}\}$。

另外，对于所有的$m \in M$，我们计算$max\,\overline{\mathcal{G}}([m]_S)$如下：

$max\,\overline{\mathcal{G}}([b]_R) = \{\{1, 2, 3, 5, 6\}\}$，

$max\,\overline{\mathcal{G}}([c]_R)=\{\{3, 4, 6, 7, 8\}\}$,

$max\,\overline{\mathcal{G}}([d]_R)=\{\{5, 6, 7, 8\}\}$,

$max\,\overline{\mathcal{G}}([e]_R)=\{\{3, 4, 6, 7, 8\}, \{5, 6, 7, 8\}\}$,

$max\,\overline{\mathcal{G}}([f]_R)=\{\{5, 6, 7, 8\}\}$,

$max\,\overline{\mathcal{G}}([g]_R)=\{\{1, 2, 3, 4\}\}$,

$max\,\overline{\mathcal{G}}([h]_R)=\{\{1, 2, 3, 4\}\}$,

$max\,\overline{\mathcal{G}}([i]_R)=\{\{3, 4, 6, 7, 8\}, \{1, 2, 3, 4\}\}$。

最后，我们获得$\mathcal{G}=\cup\{max\,\overline{\mathcal{G}}([m]_S)\mid m\in M\}=\{\{1, 2, 3, 5, 6\}, \{3, 4, 6, 7, 8\}, \{5, 6, 7, 8\}, \{1, 2, 3, 4\}\}$。

很容易验证$\mathcal{G}$是对象集 G 的次极小覆盖。

根据$\mathcal{G}$，我们得到四个子背景分别如表 2－8、表 2－9、表 2－10及表 2－11 所示且其相应的概念格分别如图 2－7、图 2－8、图 2－9 及图 2－10 所示。通过计算，我们可得$(I\cap(\{1, 2, 3, 5, 6\}\times M))\cup(I\cap(\{3, 4, 6, 7, 8\}\times M))\cup(I\cap(\{5, 6, 7, 8\}\times M))\cup(I\cap(\{1, 2, 3, 4\}\times M))=I$ 且$\underline{\mathcal{B}}(\{1, 2, 3, 5, 6\}, M, (I\cap(\{1, 2, 3, 5, 6\}\times M)))\cup\underline{\mathcal{B}}(\{3, 4, 6, 7, 8\}, M, (I\cap(\{3, 4, 6, 7, 8\}\times M)))\cup\underline{\mathcal{B}}(\{5, 6, 7, 8\}, M, (I\cap(\{5, 6, 7, 8\}\times M)))\cup\underline{\mathcal{B}}(\{1, 2, 3, 4\}, M, (I\cap(\{1, 2, 3, 4\}\times M)))=\underline{\mathcal{B}}(G, M, I)$。

表 2－8　$(\{1, 2, 3, 5, 6\}, M, (I\cap(\{1, 2, 3, 5, 6\}\times M)))$

G	b	c	d	e	f	g	h	i
1	×					×		
2	×					×	×	
3	×	×				×	×	
5	×		×		×			
6	×	×	×		×			

表 2-9 ({3, 4, 6, 7, 8}, M, (I∩({3, 4, 6, 7, 8}×M)))

G	b	c	d	e	f	g	h	i
3	×	×				×	×	
4		×				×	×	×
6	×	×	×		×			
7		×	×	×				
8		×	×		×			

表 2-10 ({5, 6, 7, 8}, M, (I∩({5, 6, 7, 8} ×M)))

G	b	c	d	e	f	g	h	i
5	×		×		×			
6	×	×	×		×			
7		×	×	×				
8		×	×		×			

表 2-11 ({1, 2, 3, 4}, M, (I∩({1, 2, 3, 4}×M)))

G	b	c	d	e	f	g	h	i
1	×					×		
2	×					×	×	
3	×	×				×	×	
4		×				×	×	×

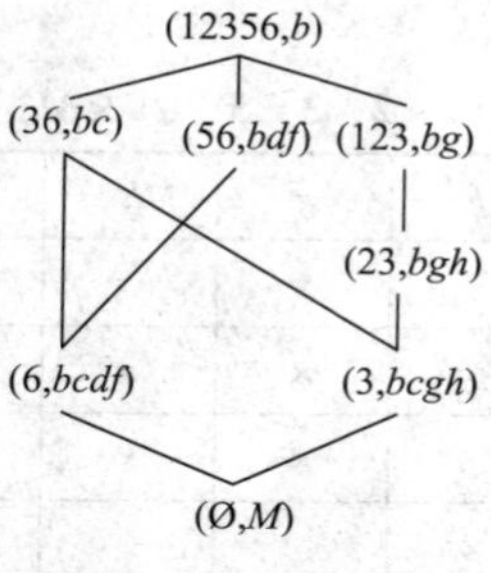

图 2-7 表 2-8 的 $\underline{\mathcal{B}}$({1, 2, 3, 5, 6}, M, (I∩({1, 2, 3, 5, 6} ×M)))

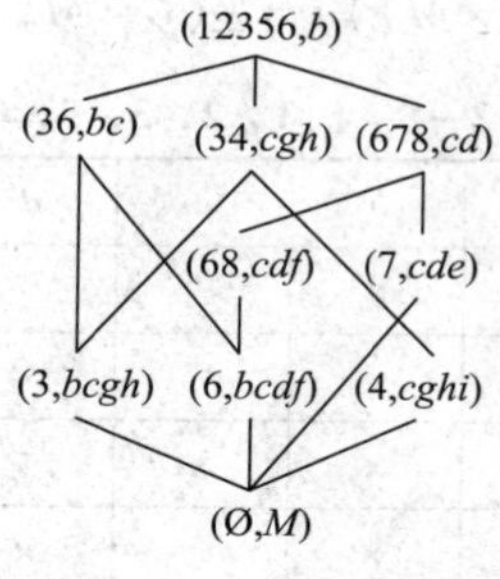

图 2-8 表 2-9 的 $\underline{\mathcal{B}}$({3, 4, 6, 7, 8}, M, (I∩({3, 4, 6, 7, 8} ×M)))

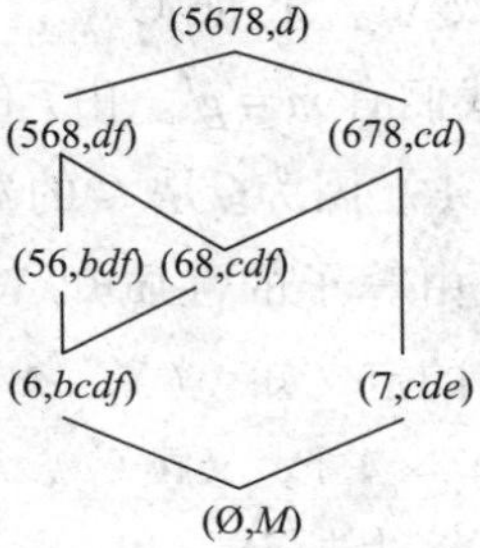

图2－9　表2－10的
$\underline{\mathcal{B}}(\{5, 6, 7, 8\}, M, (I\cap(\{5, 6, 7, 8\}\times M)))$

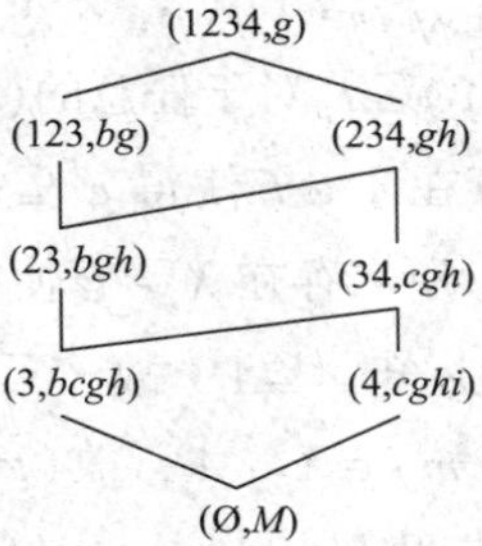

图2－10　表2－11的
$\underline{\mathcal{B}}(\{1, 2, 3, 4\}, M, (I\cap(\{1, 2, 3, 4\}\times M)))$

2.3.3　两域次极小覆盖构造法

在第2.3.1节与第2.3.2节基础上，自然地，同时考虑属性集的次极小覆盖以及对象集的次极小覆盖，我们提出了另外一种新的分解。在这种分解的情况下，我们也得到了一种经典概念格构造方法。

对于任意的 $X_i\in\mathcal{G}$，$A_j\in\mathcal{F}$，定义$\mathcal{G}$与$\mathcal{F}$之间的一种二元关系为$\overline{R}=\{(X_i, A_j)\mid X_i^I\subseteq A_j\}=\{(X_i, A_j)\mid A_j^I\subseteq X_i\}\subseteq\mathcal{G}\times\mathcal{F}$。

根据子背景的定义，很容易得到下面的结论。

定理2.3.7　设(G, M, I)为形式背景。对于任意的$(X_i, A_j)\in R$，则$(X_i, A_j, I\cap(X_i\times A_j))$是$(G, M, I)$的子背景。

通过上述所得子背景，其二元关系有如下性质。

定理2.3.8　设(G, M, I)为形式背景。对于任意的$(X_i, A_j)\in\overline{R}$，则下列说法成立：

(1) $\cup_{(X_i,A_j)\in\overline{R}}I\cap(X_i\times A_j)=I$；

(2) $I\cap(X_i\times A_j)$ 是(G, M, I)闭关系。

证明　(1) 对于任意的$(X_i, A_j)\in\overline{R}$，由$\overline{R}$的定义知，$X_i^I\subseteq A_j$。

故$\cup_{(X_i,A_j)\in\overline{R}} I\cap(X_i\times A_j)\subseteq I$显然成立。下证$\cup_{(X_i,A_j)\in\overline{R}} I\cap(X_i\times A_j)\supseteq I$。对于任意的$(g,m)\in I$，我们有$m\in g^I$。由$\mathcal{F}$的定义知，存在$A_j\in\mathcal{F}$使得$g^I\subseteq A_j$。因此$m\in A_j$。因为$\mathcal{G}$是$G$的覆盖且$g\in G$，所以存在$X_i\in\mathcal{G}$使得$g\in X_i$。又由算子的性质知$X_i^I\subseteq g^I$。又由上述知$g^I\subseteq A_j$，故$X_i^I\subseteq A_j$。因此由$\overline{R}$的定义知，$(X_i,A_j)\in\overline{R}$。又$(g,m)\in X_i\times A_j$，故$(g,m)\in I\cap(X_i\times A_j)$。又由$(g,m)$的任意性知$I\subseteq\cup_{(X_i,A_j)\in\overline{R}} I\cap(X_i\times A_j)$。综上所述，$\cup_{(X_i,A_j)\in\overline{R}} I\cap(X_i\times A_j)=I$得证。

（2）对于任意的$(X,A)\in\underline{\mathcal{B}}(X_i,A_j,I\cap(X_i\times A_j))$，由概念的定义知$X=A^{I\cap(X_i\times A_j))}=A^I\cap X_i$且$A=X^{I\cap(X_i\times A_j))}=A^I\cap A_j$。下证$(X,A)\in\underline{\mathcal{B}}(G,M,I)$。因为$X_{\mathrm{i}}\in\mathcal{G}$，由$\mathcal{G}$的定义知，存在$m\in M$使得$X_{\mathrm{i}}=m^{\mathrm{I}}$。因此，$m\in X_{\mathrm{i}}^{\mathrm{I}}$。又因为$X_i^{\mathrm{I}\cap(\mathrm{X}_i\times\mathrm{A}_j)}=\mathrm{X}_i^I\cap\mathrm{A}_j=\mathrm{X}_i^I$，所以我们有$m\in X_i^{I\cap(X_i\times A_j)}$。由于$X\subseteq X_i$，故$X_i^{I\cap(X_i\times A_j)}\subseteq X^{I\cap(X_i\times A_j)}=A$，即$X_i^I\subseteq A$。又$m\in X_i^I$，故$m\in A$。又由算子性质，我们可得$A^I\subseteq m^I$，即$A^I\subseteq X_i$。因为$X=A_i^{I\cap(X_i\times A_j)}=A^I\cap X_i$，故$X=A^I$。同理，可证$A=X^I$。

定理2.3.9 设(G,M,I)为形式背景。则$\cup_{(X_i,A_j)\in\overline{R}}\underline{\mathcal{B}}(X_i,A_j,I\cap(X_i\times A_j))\cup\{(G,\emptyset),(\emptyset,M)\}=\underline{\mathcal{B}}(G,M,I)$。

证明 由定理2.3.8(2)知，对于任意的$(X_i,A_j)\in\overline{R}$，$\underline{\mathcal{B}}(X_i,A_j,I\cap(X_i\times A_j))\subseteq\underline{\mathcal{B}}(G,M,I)$。从而$\cup_{(X_i,A_j)\in\overline{R}}\underline{\mathcal{B}}(X_i,A_j,I\cap(X_i\times A_j))\cup\{(G,\emptyset),(\emptyset,M)\}\subseteq\underline{\mathcal{B}}(G,M,I)$显然成立。下证$\cup_{(X_i,A_j)\in\overline{R}}\underline{\mathcal{B}}(X_i,A_j,I\cap X_i\times A_j)\cup\{(G,\emptyset),(\emptyset,M)\}\supseteq\underline{\mathcal{B}}(G,M,I)$。对于任意的$(A,B)\in\underline{\mathcal{B}}(G,M,I)$，下面分两种情况。第一种情况：若$(A,B)\in\{(G,\emptyset),(\emptyset,M)\}$，则$(A,B)\in\cup_{(X_i,A_j)\in\overline{R}}\underline{\mathcal{B}}(X_i,A_j,I\cap X_i\times A_j)\cup\{(G,\emptyset),(\emptyset,M)\}$显然成立。第二种情况：若$(A,B)\notin\{(G,\emptyset),(\emptyset,M)\}$，即$A\neq\emptyset$且$B\neq\emptyset$，则不妨设$g\in A$且$m\in B$。由算子的性质知，$B=$

$A^I \subseteq g^I$ 且 $A = B^I \subseteq m^I$。又由$\mathcal{F}$和$\mathcal{G}$的定义知，分别存在 $A_j \in \mathcal{F}$ 及 $X_i \in \mathcal{G}$使得 $g^I \subseteq A_j$ 及 $m^I \subseteq X_i$，也就是，$A^I = B \subseteq A_j$ 及 $B^I = A \subseteq X_i$。从而 $X_i^I \subseteq A^I$。因为 $A^I = B \subseteq A_j$，所以 $X_i^I \subseteq A_j$。故$(X_i, A_j) \in \overline{R}$。又因为 $A^{I\cap(X^i \times A^j)} = A^I \cap A_j = A^I = B$ 及 $B^{I\cap(X_i \times A_j)} = B^I \cap X_i = B^I = A$，所以我们容易知$(A, B) \in \underline{\mathcal{B}}(X_i, A_j, I\cap(X_i \times A_j))$。从而，$(A, B) \in \cup_{(X_i,A_j)\in\overline{R}} \underline{\mathcal{B}}(X_i, A_j, I\cap X_i \times A_j) \cup \{(G, \emptyset), (\emptyset, M)\}$。由$(A, B)$ 的任意性知，$\underline{\mathcal{B}}(G, M, I) \subseteq \cup_{(X_i,A_j)\in\overline{R}} \underline{\mathcal{B}}(X_i, A_j, I\cap(X_i \times A_j)) \cup \{(G, \emptyset), (\emptyset, M)\}$。

综上所述，$\cup_{(X_i,A_j)\in\overline{R}} \underline{\mathcal{B}}(X_i, A_j, I\cap(X_\text{i} \times A_\text{j})) \cup \{(G, \emptyset), (\emptyset, M)\} = \underline{\mathcal{B}}(G, M, I)$ 得证。

事实上，定理 2.3.9 是基于另一种背景分解方式给出了经典概念格的另一种计算方式。下面，我们给出这种背景分解的准确刻画，并说明这种背景分解也是唯一的。

定义 2.3.8 设(G, M, I) 为形式背景。$\mathcal{C}$是 G 的次极小覆盖且$\mathcal{T}$是 M 的次极小覆盖。若$\cup_{i=1}^{|\mathcal{C}|} \underline{\mathcal{B}}(C_i, T_i, I\cap(C_i \times T_i)) \cup \{(G, \emptyset), (\emptyset, M)\} = \underline{\mathcal{B}}(G, M, I)$，其中 $C_i \in \mathcal{C}$且 $T_i \in \mathcal{T}$，则称 $\{(C_i, T_i, I\cap(C_i \times T_i)) \mid C_i \in \mathcal{C}$且$T_i \in \mathcal{T}\}$ 是(G, M, I) 的基于两域次极小覆盖的分解。

结合定理 2.3.3 及定理 2.3.6，我们很容易证明(G, M, I) 的基于两域次极小覆盖的分解是唯一的。

定理 2.3.10 设(G, M, I) 为形式背景。则(G, M, I) 的基于两域次极小覆盖的分解是唯一的，即 $\{(X_i, A_j, I\cap(X_i \times A_i)) \mid X_i \in \mathcal{F}$且$A_i \in \mathcal{G}\}$ 是(G, M, I) 的唯一的基于两域次极小覆盖的分解，其中$\mathcal{F}$及$\mathcal{G}$分别如定义 2.3.4 及定义 2.3.6 所示。

例 2.3.4(续例 2.3.1) 由例 2.3.2 及例 2.3.3 知$\overline{\mathcal{F}} = \{\{b, c, g, h\}, \{c, g, h, i\}, \{b, c, d, f\}, \{c, d, e\}\}$，$\mathcal{G} = \{\{1, 2, 3, 5, 6\}, \{3, 4, 6, 7, 8\}, \{5, 6, 7, 8\}, \{1, 2,$

3，4}}。

首先，对于任意的 $X \in \mathcal{G}$，我们计算 X^I 如下：$\{1, 2, 3, 5, 6\}^I = \{b\}$，$\{3, 4, 6, 7, 8\}^I = \{c\}$，$\{5, 6, 7, 8\}^I = \{d\}$，$\{1, 2, 3, 4\}^I = \{g\}$。

其次，通过 $\overline{R}$ 的定义，我们计算出 $\overline{R} = \{(\{1, 2, 3, 5, 6\}, \{b, c, g, h\}), (\{1, 2, 3, 5, 6\}, \{b, c, d, f\}), (\{3, 4, 6, 7, 8\}, \{b, c, g, h\}), (\{3, 4, 6, 7, 8\}, \{c, g, h, i\}), (\{3, 4, 6, 7, 8\}, \{b, c, d, f\}), (\{3, 4, 6, 7, 8\}, \{c, d, e\}), (\{5, 6, 7, 8\}, \{b, c, d, f\}), (\{5, 6, 7, 8\}, \{c, d, e\}), (\{1, 2, 3, 4\}, \{b, c, g, h\}), (\{1, 2, 3, 4\}, \{c, g, h, i\})\}$。

按照定理 2.3.7，我们得到 10 个子背景，分别如表 2－12～表 2－21 所示。并且计算 10 个子背景的概念格分别如图 2－11～图 2－20 所示。通过计算，我们很容易得到 $(I \cap (\{1, 2, 3, 5, 6\} \times \{b, c, g, h\})) \cup (I \cap (\{1, 2, 3, 5, 6\} \times \{b, c, d, f\})) \cup (I \cap (\{3, 4, 6, 7, 8\} \times \{b, c, g, h\})) \cup (I \cap (\{3, 4, 6, 7, 8\} \times \{c, g, h, i\})) \cup (I \cap (\{3, 4, 6, 7, 8\} \times \{b, c, d, f\})) \cup (I \cap (\{3, 4, 6, 7, 8\} \times \{c, d, e\})) \cup (I \cap (\{5, 6, 7, 8\} \times \{b, c, d, f\})) \cup (I \cap (\{5, 6, 7, 8\} \times \{c, d, e\})) \cup (I \cap (\{1, 2, 3, 4\} \times \{b, c, g, h\})) \cup (I \cap (\{1, 2, 3, 4\} \times \{c, g, h, i\})) = I$ 及 $\underline{\mathcal{B}}(\{1, 2, 3, 5, 6\}, \{b, c, g, h\}, (I \cap (\{1, 2, 3, 5, 6\} \times \{b, c, g, h\}))) \cup \underline{\mathcal{B}}(\{1, 2, 3, 5, 6\}, \{b, c, d, f\}, (I \cap (\{1, 2, 3, 5, 6\} \times \{b, c, d, f\}))) \cup \underline{\mathcal{B}}(\{3, 4, 6, 7, 8\}, \{b, c, g, h\}, (I \cap (\{3, 4, 6, 7, 8\} \times \{b, c, g, h\}))) \cup \underline{\mathcal{B}}(\{3, 4, 6, 7, 8\}, \{c, g, h, i\}, (I \cap (\{3, 4, 6, 7, 8\} \times \{c, g, h, i\}))) \cup \underline{\mathcal{B}}(\{3, 4, 6, 7, 8\}, \{b, c, d, f\}, (I \cap (\{3, 4, 6, 7, 8\} \times \{b, c, d, f\}))) \cup \underline{\mathcal{B}}$

$(\{3, 4, 6, 7, 8\}, \{c, d, e\}, (I\cap(\{3, 4, 6, 7, 8\}\times\{c, d, e\})))\cup\underline{\mathcal{B}}(\{5, 6, 7, 8\}, \{b, c, d, f\}, (I\cap(\{5, 6, 7, 8\}\times\{b, c, d, f\})))\cup\underline{\mathcal{B}}(\{5, 6, 7, 8\}, \{c, d, e\}, (I\cap(\{5, 6, 7, 8\}\times\{c, d, e\})))\cup\underline{\mathcal{B}}(\{1, 2, 3, 4\}, \{b, c, g, h\}, (I\cap(\{1, 2, 3, 4\}\times\{b, c, g, h\})))\cup\underline{\mathcal{B}}(\{1, 2, 3, 4\}, \{c, g, h, i\}, (I\cap(\{1, 2, 3, 4\}\times\{c, g, h, i\})))=\underline{\mathcal{B}}(G, M, I)$。

表2-12 $(\{1, 2, 3, 5, 6\}, \{b, c, d, f\}, (I\cap(\{1, 2, 3, 5, 6\}\times\{b, c, d, f\})))$

G	b	c	d	f
1	×			
2	×			
3	×	×		
5	×		×	×
6	×	×	×	×

表2-13 $(\{3, 4, 6, 7, 8\}, \{b, c, d, f\}, (I\cap(\{3, 4, 6, 7, 8\}\times\{b, c, d, f\})))$

G	b	c	d	f
3	×	×		
4		×		
6	×	×	×	×
7		×	×	
8		×	×	×

表 2-14 $(\{5, 6, 7, 8\}, \{b, c, d, f\}, (I \cap (\{5, 6, 7, 8\} \times \{b, c, d, f\})))$

G	b	c	d	f
5	×		×	×
6	×	×	×	×
7		×	×	
8		×	×	×

表 2-15 $(\{1, 2, 3, 5, 6\}, \{b, c, g, h\}, (I \cap (\{1, 2, 3, 5, 6\} \times \{b, c, g, h\})))$

G	b	c	g	h
1	×		×	
2	×		×	×
3	×	×	×	×
5	×			
6	×	×		

表 2-16 $(\{3, 4, 6, 7, 8\}, \{b, c, g, h\}, (I \cap (\{3, 4, 6, 7, 8\} \times \{b, c, g, h\})))$

G	b	c	g	h
3	×	×	×	×
4		×	×	×
6	×	×		
7		×		
8		×		

表2-17 $(\{1, 2, 3, 4\}, \{b, c, g, h\}, (I \cap (\{1, 2, 3, 4\} \times \{b, c, g, h\})))$

G	b	c	g	h
1	×		×	
2	×		×	×
3	×	×	×	×
4		×	×	×

表2-18 $(\{3, 4, 6, 7, 8\}, \{c, g, h, i\}, (I \cap (\{3, 4, 6, 7, 8\} \times \{c, g, h, i\})))$

G	c	g	h	i
3	×	×	×	
4	×	×	×	×
6	×			
7	×			
8	×			

表2-19 $(\{1, 2, 3, 4\}, \{c, g, h, i\}, (I \cap (\{1, 2, 3, 4\} \times \{c, g, h, i\})))$

G	c	g	h	i
1		×		
2		×	×	
3	×	×	×	
4	×	×	×	×

表 2-20 $(\{5, 6, 7, 8\}, \{c, d, e\}, (I \cap (\{5, 6, 7, 8\} \times \{c, d, e\})))$

G	c	d	e	
5		×		
6	×	×		
7	×	×	×	
8	×	×		

表 2-21 $(\{3, 4, 6, 7, 8\}, \{c, d, e\}, (I \cap (\{3, 4, 6, 7, 8\} \times \{c, d, e\})))$

G	c	d	e	
3	×			
4	×			
6	×	×		
7	×	×	×	
8	×	×		

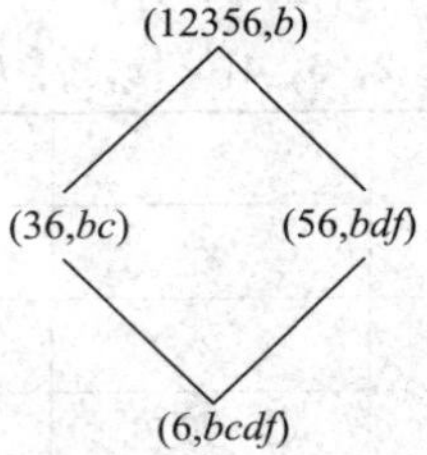

图 2-11 表 2-12 的 $\underline{\mathcal{B}}(\{1, 2, 3, 5, 6\}, \{b, c, d, f\}, (I \cap (\{1, 2, 3, 5, 6\} \times \{b, c, d, f\})))$

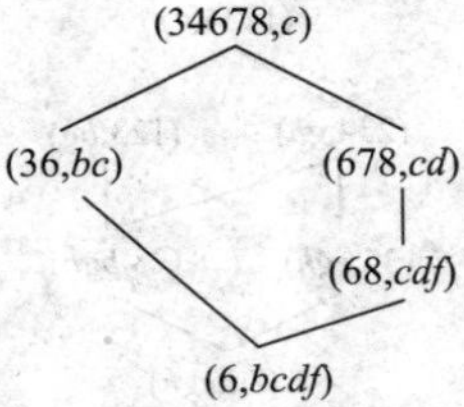

图 2-12 表 2-13 的$\underline{\mathcal{B}}(\{3, 4, 6, 7, 8\}, \{b, c, d, f\}, (I \cap (\{3, 4, 6, 7, 8\} \times \{b, c, d, f\})))$

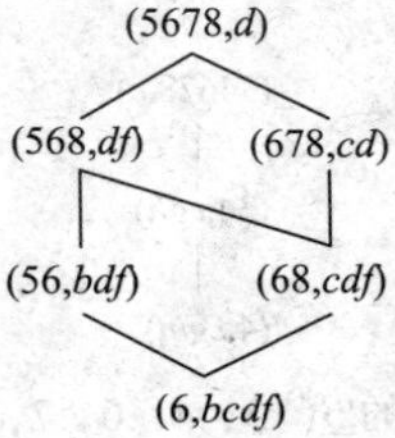

图 2-13 表 2-14 的$\underline{\mathcal{B}}(\{5, 6, 7, 8\}, \{b, c, d, f\}, (I \cap (\{5, 6, 7, 8\} \times \{b, c, d, f\})))$

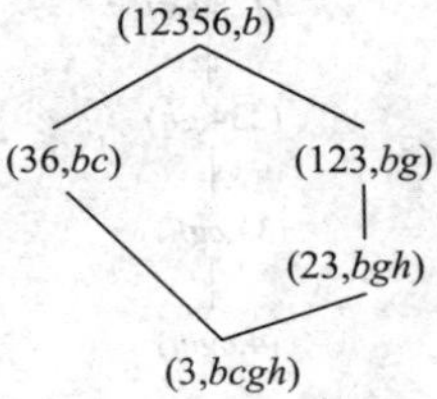

图 2-14 表 2-15 的$\underline{\mathcal{B}}(\{1, 2, 3, 5, 6\}, \{b, c, g, h\}, (I \cap (\{1, 2, 3, 5, 6\} \times \{b, c, g, h\})))$

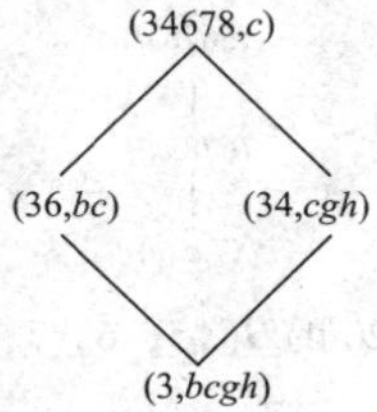

图 2-15 表 2-16 的$\underline{\mathcal{B}}(\{3, 4, 6, 7, 8\}, \{b, c, g, h\}, (I \cap (\{3, 4, 6, 7, 8\} \times \{b, c, g, h\})))$

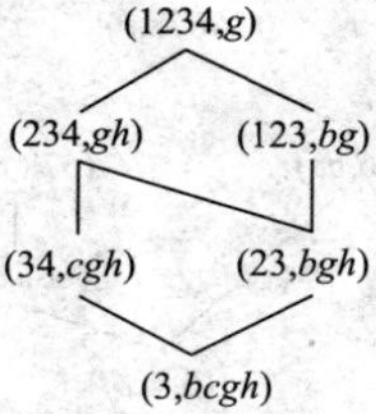

图 2-16　表 2-17 的 $\mathcal{B}(\{1, 2, 3, 4\}, \{b, c, g, h\}, (I\cap(\{1, 2, 3, 4\}\times\{b, c, g, h\})))$

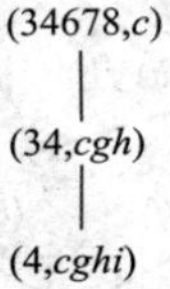

图 2-17　表 2-18 的 $\mathcal{B}(\{3, 4, 6, 7, 8\}, \{c, g, h, i\}, (I\cap(\{3, 4, 6, 7, 8\}\times\{c, g, h, i\})))$

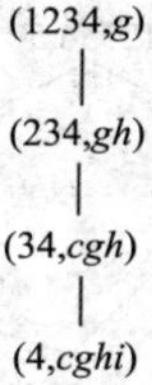

图 2-18　表 2-19 的 $\mathcal{B}(\{1, 2, 3, 4\}, \{c, g, h, i\}, (I\cap(\{1, 2, 3, 4\}\times\{c, g, h, i\})))$

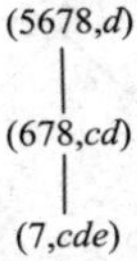

图 2-19　表 2-20 的 $\mathcal{B}(\{5, 6, 7, 8\}, \{c, d, e\}, (I\cap(\{5, 6, 7, 8\}\times\{c, d, e\})))$

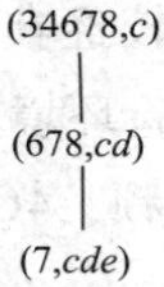

图2-20　表2-21的$\underline{\mathcal{B}}(\{3, 4, 6, 7, 8\}, \{c, d, e\}, (I\cap(\{3, 4, 6, 7, 8\}\times\{c, d, e\})))$

2.3.4　算法与实验

在这一小节中，基于第2.3.2节与第2.3.3节中经典概念格的构造方法，我们给出了相应的算法。为了方便起见，在下面的算法中，我们只计算出所有内涵的集合。

算法2-3是基于定理2.3.5提出的。

基于对象次极小覆盖的概念格构造算法——算法2-3：

（1）输入形式背景(G, M, I)；

（2）计算$\mathcal{G}$；

（3）构建子背景；

（4）计算所有子背景的概念格；

（5）输出所有概念。

对于第2.3.1节中基于属性集次极小覆盖的经典概念格构造，其算法与算法2-3相似。我们只需用“计算$\mathcal{F}$”替代算法2-3中的第二步。

算法2-4是基于定理2.3.9提出的：

基于两域次极小覆盖的概念格构造算法——算法2-4：

（1）输入形式背景(G, M, I)；

（2）计算$\mathcal{F}$及$\mathcal{G}$；

（3）构建子背景；

（4）计算所有子背景的概念；

（5）输出所有概念。

下面，我们通过实验比较经典算法（增量式算法）与算法 2－3、算法 2－4。我们的实验环境规格是 64 位操作系统，intel i3－4130 处理器，3.4GHz 主频，4GB 只读存储器，且我们使用了五个线程并行。

在实验中，我们选了四个实际生活数据如下：

数据 1：表 2－1 中的形式背景。

数据 2：第 2.2.3 节的数据 4——在超国家群组中发展中国家的关系。

数据 3：动物园数据。此数据来自于 UCI 数据库，有 130 个对象，15 个布尔型属性，2 个数值型属性。我们用名义尺度处理了这 2 个数值型属性，使其变为了 13 个布尔型属性。

数据 4：车辆 MPG 数据。此数据来自于 UCI 数据库，有 398 个对象，8 个混合型属性，我们用所谓 FcaBedrock 处理了这 8 个混合型属性，使其变为了 342 个布尔型属性。

实验结果在表 2－22、图 2－21、图 2－22、图 2－23 及图 2－24中被给出，其中 Time1 是增量算法运行的时间，Time2 及 Time3 分别是算法 2－3、算法 2－4 运行的时间。$|S_1|$ 与 $|S_2|$ 分别表示在算法 2－3 与算法 2－4 下子背景的个数。从实验结果上来看，算法 2－3 比增量式算法更有效，但算法 2－4 给出了比较糟糕的结果。原因是同一个概念在不同子背景下重复运算多次，所以我们不建议通过同时分解对象集与属性获得概念格。

表 2－22　算法比较

数据	$\|G\|$	$\|M\|$	$\|S_1\|$	$\|S_2\|$	Time 1	Time 2	Time 3
1	8	8	4	10	0.094	0.062	0.062
2	130	6	2	70	0.031	0.021	8.268
3	101	28	20	181	4.649	4.200	35.724
4	398	342	17	2853	961.969	410.795	2332.83

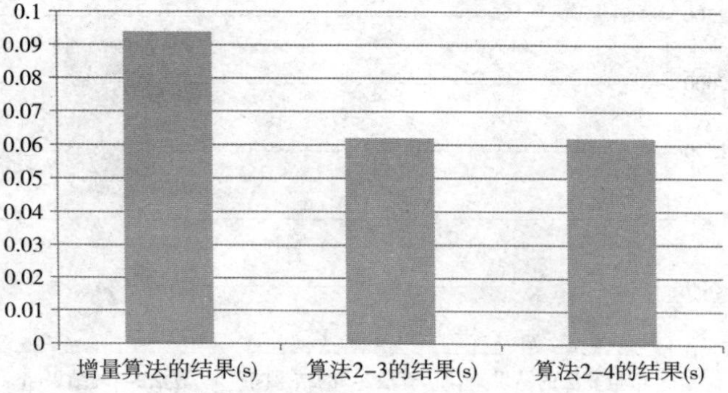

图 2－21　数据 1 的实验结果

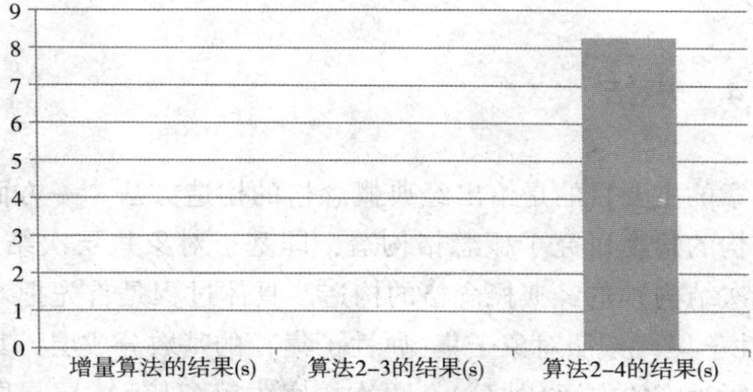

图 2－22　数据 2 的实验结果

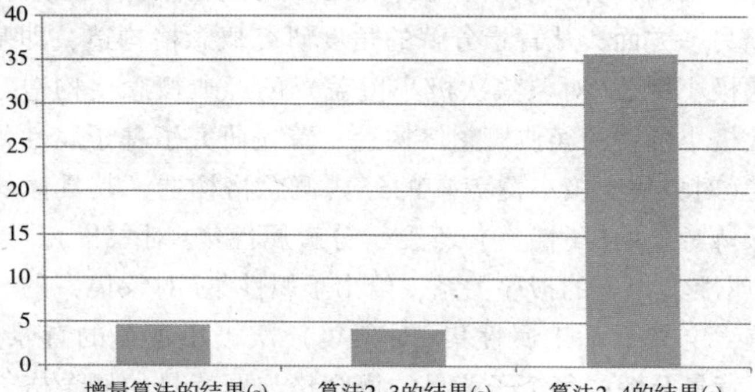

图 2－23　数据 3 的实验结果

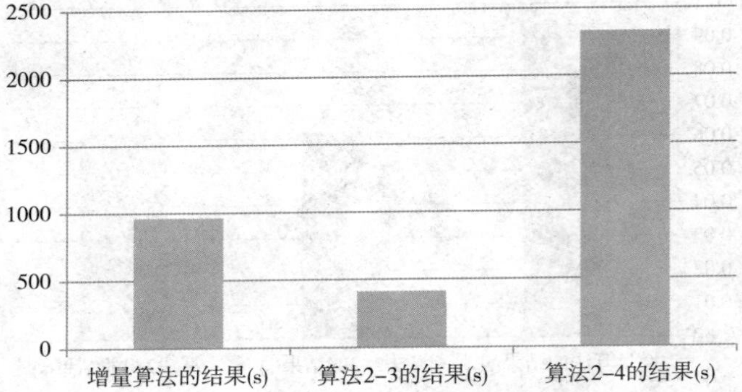

图 2－24　数据 4 的实验结果

2.4　小结

本章的主要目的是给出经典概念格的构造方法。一方面，从层次结构的角度研究了概念格构造，即基于对象集层次结构(属性集层次结构) 的经典概念格的构造。具体过程是首先把对象子集(属性子集) 按照对象子集(属性子集) 的基数分成层，其次计算每层所对应的内涵(外延)，再次探究内涵(外延) 层与层之间的关系，给出计算出所有内涵(外延) 的截止条件，最后构造概念格。另一方面，从背景分解的角度研究概念格构造，即基于属性集次极小覆盖(对象集次极小覆盖) 的经典概念格构造及基于两域次极小覆盖的经典概念格构造。首先研究了基于属性集次极小覆盖(对象集次极小覆盖) 的经典概念格构造，其具体的方法是：保持对象集(属性集) 不变，分解属性集(对象集)。通过对象集(属性集) 上的拟序关系，给出了属性集(对象集) 的一种特殊覆盖，定义了基于属性集(对象集) 次极小覆盖的背景分解。研究了背景分解中每个子背景的概念格与原背景的概念格之间的关系，相应地给出了概念格的构造方法。其次，结合上述两种背景分解，定义了基于两域次极小覆盖的背景分解。类似地，研究了背景分解中每个子背景的概念格与原背景的概念格之间的关系，相应地给出了概念格的另一种构造方法。

第3章 三支概念格的构造

本章将利用第2章提到的经典概念格的构造方法，给出三支概念格的构造方法。

3.1 引言

三支概念格是三支决策与形式概念分析结合的产物。三支决策是对一个事物所做的三种不同的决策，即接受、拒绝及延迟决策，其在实际生活中很常见，例如，一篇文章的审稿过程，有的审稿专家认为稿件质量较好就会建议期刊主编接收，有的审稿专家认为稿件质量不足够好就会建议期刊主编拒稿，还有的审稿专家认为稿件质量尚待完善就会建议期刊主编修改后再审。类似地，三支决策也发生在学校班级选班长的过程中，当老师提出候选人时，有的学生支持候选人，有的学生反对候选人，还有的学生弃权保持中立。2012年，Yao提出了三支决策的统一框架。三支决策的核心思想是基于上述接受、拒绝及延迟决策的一种三分类方法。它的目的是把一个研究事物分成两两互不相交的三部分。按照一定的需求，我们称这三部分分别是正域、负域及边界域，记为POS、NEG及BND。对应于三元分类，这三个域分别被看作接受域、拒绝域以及延迟决策域。换句话说，在正域中可作出接受的规则，在负域可作出拒绝的规则以及在边界域里可以作出延迟决策的规则。

在形式概念分析中，一个形式概念有外延和内涵两部分构成。在外延中的每一个对象都共同具有内涵中的所有属性，内涵中的每个属性都被外延中的所有对象共同具有。这隐藏着一种二支决策即是与不是。具体来讲，给定一个形式概念，我们可以把对象集分成两个互不相交的两部分。一部分是此概念的外延，另一部分是此概念外延的补集。在文献中，利用“共同具有”作出决策的方法被称为包含法。

在实际生活中，处理决策问题时还有一种与包含法对立的方法 - 排除法。这种方法也是一种常用方法。判断一个对象是否不具有内涵中的任意属性以及一个属性是否不被外延中的任意的对象所具有，在形式概念分析中，这是一种新的决策方法。在形式概念分析中，结合包含法与排除法，Qi 等于 2014 年提出了三支概念分析(三支概念格理论)。在三支概念分析中，给定一个三支概念，利用包含法得到的对象共同拥有的属性可以看成是接受的部分，利用排除法得到的对象共同不具有的属性可以看成是拒绝的部分。与形式概念相比，三支概念反映的信息更多更直接。利用三支概念格这样的理论框架反映数据中隐藏的信息更具有实际意义。

三支概念格分为对象诱导的三支概念格与属性诱导的三支概念格两种，是一个新的研究领域。目前，相关的成果并不多，三支概念格的构造方法也只能通过定义计算，但通过定义计算复杂度较大。所以，对于这样一个新的研究点，我们的想法就是用已有的结论、方法处理未知的事物，即用求经典概念格的方法求解三支概念格。由于完备格与形式背景具有一一对应的关系，且三支概念格也是完备格，所以我们采取的方法是构造一个形式背景与三支概念格相对应，通过求解此形式背景的经典概念格构造原背景的三支概念格。

3.2 对象诱导的三支概念格构造

三支概念格分为对象诱导的三支概念格与属性诱导的三支概念格。本节我们将研究对象诱导的三支概念格的构造问题。首先将寻找对象诱导的三支概念的等价刻画；其次将利用经典概念格的构造方法构造对象诱导的三支概念格。

3.2.1 对象诱导的三支概念的等价刻画

设(G, M, I)为形式背景，记$OEL_G(G, M, I)$为所有三支概念的外延构成的集合。根据三支算子的定义，我们给出OE-概念的等价刻画。

定理 3.2.1 设(G, M, I)为形式背景。(G, M, I^c)为其补背景，其中$I^c = (G \times M) \setminus I$，则$X \in OEL_G(G, M, I)$当且仅当$X = X^{II} \cap X^{I^cI^c}$。

证明⇒. 若$X \in OEL_G(G, M, I)$，则$(X, (X^I, X^{I^c})) \in OEL(G, M, I)$。从而由OE-概念的定义知，$X = X^{II} \cap X^{I^cI^c}$。

⇐. 若$X = X^{II} \cap X^{I^cI^c}$，从而由OE-概念的定义知，$(X, (X^I, X^{I^c})) \in OEL(G, M, I)$。故$X \in OEL_G(G, M, I)$。

从定理3.2.1的证明过程，我们容易得到以下结论。

推论 3.2.1 设(G, M, I)为形式背景。(G, M, I^c)为其补背景，其中$I^c = (G \times M) \setminus I$。对于任意的$X \subseteq G$，则$(X^{II} \cap X^{I^cI^c}, (X^I, X^{I^c})) \in OEL(G, M, I)$。

此OE-概念的等价刻画说明可以仅通过一个对象子集计算OE-概念，这与用定义法求OE-概念的方法相比提高了效率高，降低了OE-概念的计算复杂度。

3.2.2 对象诱导的三支概念格的背景并置构造法

本节，我们将构造与对象诱导的三支概念格相应的形式背景，进而通过此形式背景的经典概念格构造对象诱导的三支概念格。

在文献中，Wille 讨论了形式背景间的关系以及运算。首先，我们回忆一些相关的定义及符号。

定义 3.2.1 设 $k_1=(G, M, I)$，$k_2=(H, N, J)$ 是两个形式背景。若存在双射 $\alpha: G\rightarrow H$，$\beta: M\rightarrow N$，满足 $gIm\Leftrightarrow\alpha(g)J\beta(m)$，则称$(\alpha, \beta)$ 为 k_1 与 k_2 间的同构，同时称 k_1 与 k_2 是同构背景。

定义 3.2.2 设 $k=(G, M, I)$，$k_1=(G_1, M_1, I_1)$ 及$k_2=(G_2, M_2, I_2)$ 是形式背景。记$\dot{G}_j=\{j\}\times G_j$，$\dot{M}_j=\{j\}\times M_j$ 及$\dot{I}_j=\{((j, g)(j, m))\mid(g, m)\in I_j\}$,其中 $j\in\{1, 2\}$。若$G=G_1=G_2$，则令 $k_1\mid k_2=(G, \dot{M}_1\cup\dot{M}_2, \dot{I}_1\cup\dot{I}_2)$，称其为 k_1 与 k_2 的并置。对偶地，若 $M=M_1=M_2$，则令$\frac{k_1}{k_2}=(\dot{G}_1\cup\dot{G}_2, M, \dot{I}_1\cup\dot{I}_2)$，称其为 k_1 与 k_2 的叠置。当然，若 $G=G_1=G_2$ 且 $M_1\cap M_2=\emptyset$，则$(G, M_1\cup M_2, I_1\cup I_2)$ 也为 k_1 与 k_2 的并置。对偶地，若 $M=M_1=M_2$且 $G_1\cap G_2=\emptyset$，则$(G_1\cup G_2, M, I_1\cup I_2)$ 也为 k_1 与 k_2 的叠置。

下面，我们将利用形式背景间的关系及运算构造与对象诱导的三支概念格相应的形式背景并且研究其相关性质。

设(G, M, I) 为形式背景，(G, M, I^c) 为其补背景，其中$I^c=(G\times M)\setminus I$。为了利用形式背景间的运算以及方便构造对象诱导的三支概念格，我们首先通过添加标签 $\{0\}$ 的方式将(G, M, I) 与(G, M, I^c) 的属性集进行区分，定义如下两个新的形式背景：

$\widetilde{k_1}=(G, M\times\{0\}, \triangle)$，对于任意的 $g\in G$ 及 $(m, 0)\in M\times\{0\}$，$g\triangle(m, 0)\Leftrightarrow gIm$。

$\widetilde{k_2}=(G, \{0\}\times M, \nabla)$，对于任意的 $g\in G$ 及 $(0, m)\in\{0\}\times M$，$g\nabla(0, m)\Leftrightarrow gI^c m$。

记 k_i 与 $\widetilde{k_i}$ 的概念格分别为 $\underline{\mathcal{B}}(k_i)$ 和 $\underline{\mathcal{B}}(\widetilde{k_i})$。下面，我们研究 k_i 与 $\widetilde{k_i}$ 以及其概念格间的关系，其中 $i=1, 2$。

定理 3.2.2 设 $k_1=(G, M, I)$ 为形式背景，$k_2=(G, M, I^c)$ 为其补背景，其中 $I^c=(G\times M)\setminus I$。则 k_i 和 $\widetilde{k_i}$ 是同构的，$\underline{\mathcal{B}}(k_i)$ 和 $\underline{\mathcal{B}}(\widetilde{k_i})$ 是同构的，其中 $i=1, 2$。

证明　我们只证明 $i=1$ 的情况，$i=2$ 的情况类似证明。定义 $\alpha: G\to G$ 为对于任意的 $g\in G$，$\alpha(g)=g$，与 $\beta: M\to M\times\{0\}$ 为对于任意的 $m\in M$，$\beta(m)=(m, 0)$，显然，α 与 β 是双射。进一步，由 $\widetilde{k_1}$ 中 $\triangle$ 的定义知，$g\triangle(m, 0)\Leftrightarrow gIm$。由背景同构的定义知 k_1 和 $\widetilde{k_i}$ 是同构的。又由于同构的形式背景具有同构的概念格，所以 $\underline{\mathcal{B}}(k_1)$ 和 $\underline{\mathcal{B}}(\widetilde{k_i})$ 是同构的。

利用上述两个形式背景，我们构造新的形式背景。

定义 3.2.3 设 $k_1=(G, M, I)$ 为形式背景，$k_2=(G, M, I^c)$ 为其补背景，其中 $I^c=(G\times M)\setminus I$。则称 $\widetilde{k_1}$ 与 $\widetilde{k_2}$ 的并置为I－型混合形式背景，记作 k_O，即 $k_O=\widetilde{k_1}\mid\widetilde{k_2}=(G, M\times\{0\}\cup\{0\}\times M, \triangle\cup\nabla)$，简记 $\triangle\cup\nabla=\sim$。

记 $\underline{\mathcal{B}}(k_O)$ 为形式背景 k_O 的概念格。通过 k_O 的定义，我们很容易得到 $\underline{\mathcal{B}}(k_O)$ 的性质。

定理 3.2.3 设 $k_1=(G, M, I)$ 为形式背景，$k_2=(G, M, I^c)$ 为其补背景，其中 $I^c=(G\times M)\setminus I$。若 $(A, B)\in\underline{\mathcal{B}}(k_O)$，记 $B^1=$

$\{x \mid (x, y) \in B\}$ 及 $B^2 = \{y \mid (x, y) \in B\}$，则 $B = (B^1 \times \{0\} \cup \{0\} \times B^2) \setminus \{(0, 0)\}$。

下面通过例子解释 I－型混合形式背景。

例 3.2.1 设 $k_1 = (G, M, I)$ 为形式背景，其中 $G = \{1, 2, 3, 4\}$，$M = \{a, b, c, d, e\}$，I 如表 3－1 所示。通过计算 $k_2 = (G, M, I^c)$，$\widetilde{k_1} = (G, M \times \{0\}, \triangle)$，$\widetilde{k_2} = (G, \{0\} \times M, \triangledown)$ 与 $k_O = \widetilde{k_1} \mid \widetilde{k_2}$ 分别如表 3－2 到表 3－5 所示。

表 3－1 $k_1 = (G, M, I)$

G	a	b	c	d	e
1	×	×		×	×
2	×	×	×		
3				×	
4	×	×	×		

表 3－2 $k_2 = (G, M, I^c)$

G	a	b	c	d	e
1			×		
2				×	×
3	×	×	×		×
4				×	×

表 3－3 $\widetilde{k_1} = (G, M \times \{0\}, \triangle)$

G	$(a, 0)$	$(b, 0)$	$(c, 0)$	$(d, 0)$	$(e, 0)$
1	×	×		×	×
2	×	×	×		
3				×	
4	×	×	×		

表 3-4　$\widetilde{k_2}=(G,\ \{0\}\times M,\ \nabla)$

G	$(0,a)$	$(0,b)$	$(0,c)$	$(0,d)$	$(0,e)$
1			×		
2				×	×
3	×	×	×		×
4	×	×			

表 3-5　$k_O=\widetilde{k_1}\mid\widetilde{k_2}$

G	$(a,0)$	$(b,0)$	$(c,0)$	$(d,0)$	$(e,0)$	$(0,a)$	$(0,b)$	$(0,c)$	$(0,d)$	$(0,e)$
1	×	×		×	×			×		
2	×	×	×						×	×
3				×		×	×	×		×
4	×	×	×						×	×

$k_O=(G,\ (M\times\{0\})\cup(\{0\}\times M),\ \sim)$ 的概念格$\underline{\mathcal{B}}(k_O)$ 如图 3-1 所示。

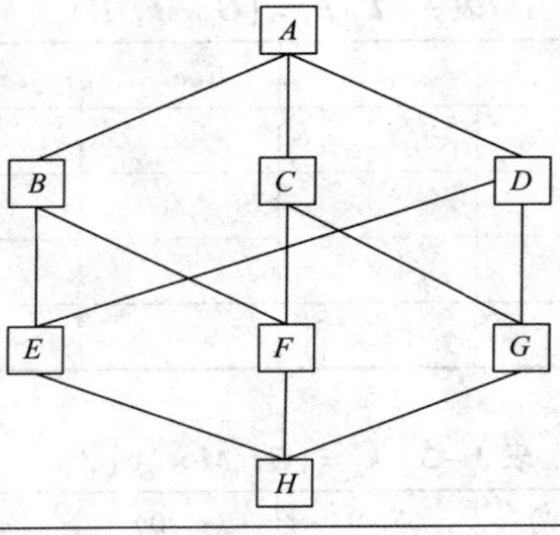

$A=(G,\varnothing)$
$B=(13,\{(d,0),(0,c)\})$
$C=(234,\{(0,e)\})$
$D=(124,\{(a,0),(b,0)\})$
$E=(1,\{(a,0),(b,0),(d,0),(e,0),(0,c)\})$
$F=(3,\{(d,0),(0,a),(0,b),(0,c),(0,e)\})$
$G=(24,\{(a,0),(b,0),(c,0),(0,d),(0,e)\})$
$H=(\varnothing,\{(a,0),(b,0),(c,0),(d,0),(e,0),(0,a),(0,b),(0,c),(0,d),(0,e)\})$

图 3-1　表 3-5 的概念格$\underline{\mathcal{B}}(k_O)$

我们选择图 3－1 中的概念 G 为例，解释定理 3.2.3。因为 $G=(24, \{(a, 0), (b, 0), (c, 0), (0, d), (0, e)\})$，所以 $B^1=\{a, b, c, 0\}$ 且 $B^2=\{d, e, 0\}$。计算可得 $(\{a, b, c, 0\}\times\{0\}\cup\{0\}\times\{d, e, 0\})\setminus\{(0, 0)\}=\{(a, 0), (b, 0), (c, 0), (0, d), (0, e), (0, 0)\}\setminus\{(0, 0)\}$。从而显然 $(B^1\times\{0\}\cup\{0\}\times B^2)\setminus\{(0, 0)\}=\{(a, 0), (b, 0), (c, 0), (0, d), (0, e)\}=B$ 成立。

下面，我们将证明 k_O 恰恰是我们所需要的与对象诱导的三支概念格相对应的形式背景。

定理 3.2.4 设 $k_1=(G, M, I)$ 为形式背景，$k_2=(G, M, I^c)$ 为其补背景，其中 $I^c=(G\times M)\setminus I$。则 $\underline{\mathcal{B}}(k_O)$ 与 $OEL(G, M, I)$ 是同构的。

证明 对于任意的 $(A, B)\in\underline{\mathcal{B}}(k_O)$，定义 $\varphi(A, B)=(A, (B_1, B_2))$，其中 $B_1=B^1\setminus\{0\}$ 且 $B_2=B^2\setminus\{0\}$。下证 φ 是 $\underline{\mathcal{B}}(k_O)$ 与 $OEL(G, M, I)$ 间的同构映射。

首先说明 φ 是一个映射，即证对于任意的 $(A, B)\in\underline{\mathcal{B}}(k_O)$，$\varphi(A, B)=(A, (B_1, B_2))\in OEL(G, M, I)$。

一方面，根据定理 3.2.3，我们知 $(B_1\times\{0\})\cup(\{0\}\times B_2)=B$。又 $B=A^{\sim}$，故 $(B_1\times\{0\})\cup(\{0\}\times B_2)=A^{\sim}$。从而，对于任意的 $m\in B_1$，故 $(m, 0)\in A^{\sim}$。对于任意的 $g\in A$，由算子的性质知 $A^{\sim}\subseteq g^{\sim}$，故 $(m, 0)\in g^{\sim}$。又 $g^{\sim}=g^{I\cup I\{c\}}=(g^I\times\{0\})\cup(\{0\}\times g^I)$，故 $m\in g^I$。由 g 的任意性知，$m\in\bigcap_{g\in A}g^I$，即 $m\in A^I$。又由于 m 的任意性知，$B_1\subseteq A^I$。另外，对于任意的 $m\in A^I$，$g\in A$，由算子的性质知，$A^I\subseteq g^I$。从而 $m\in g^I$，即 gIm。由 $\sim$ 的定义知，$g\sim(m, 0)$，故 $(m, 0)\in g^{\sim}$。又由 g 的任意性知，$(m, 0)\in\bigcap_{g\in A}g^{\sim}$，即 $(m, 0)\in A^{\sim}$。又 $(B_1\times\{0\})\cup(\{0\}\times B_2)=A^{\sim}$，故 $(m, 0)\in(B_1\times\{0\})$，从而 $m\in B_1$。又由 m 的任意性知，

$B_1 \supseteq A^I$，从而 $B_1 = A^I$。同理可证 $B_2 = A^{I^c}$。另一方面，我们需要证明 $A = B_1^I \cap B_2^{I^c}$。由上述证明知 $B_1 = A^I$ 且 $B_2 = A^{I^c}$，故 $B_1^I = A^{II}$ 且 $B_2^{I^c} = A^{I^cI^c}$。由算子性质知 $A \subseteq A^{II}$ 且 $A \subseteq A^{I^cI^c}$。从而 $A \subseteq A^{II} \cap A^{I^cI^c}$，故 $A \subseteq (B_1^I \cap B_2^{I^c}$。另外，对于任意的 $g \in B_1^I \cap B_2^{I^c}$，故 $g \in B_1^I$ 且 $g \in B_2^{I^c}$。从而对于任意的 $m \in B_1$，$n \in B_2$，我们有 gIm 且 $gI^c n$。由 ~ 的定义知，$g \sim (m, 0)$ 且 $g \sim (0, n)$。由 m，n 的任意性知，$g \in (B_1 \times \{0\})^{\sim}$ 且 $g \in (\{0\} \times B_2)^{\sim}$，从而 $g \in (B_1 \times \{0\})^{\sim} \cap (\{0\} \times B_2)^{\sim}$。又 $(B_1 \times \{0\})^{\sim} \cap (\{0\} \times B_2)^{\sim} = ((B_1 \times \{0\}) \cup (\{0\} \times B_2))^{\sim}$，故 $g \in ((B_1 \times \{0\}) \cup (\{0\} \times B_2))^{\sim}$，即 $g \in B^{\sim}$。又 $A = B^{\sim}$，故 $g \in A$。由 g 的任意性知，$A \supseteq B_1^I \cap B_2^{I^c}$。从而 $A = B_1^I \cap B_2^{I^c}$。综合上述两方面的讨论知，$(A, (B_1, B_2)) \in OEL(G, M, I)$，即 $\varphi: \underline{\mathcal{B}}(k_O) \to OEL(G, M, I)$ 是映射。

其次，我们证明 φ 是双射。

一方面，若对于任意的 (A, B)，$(C, D) \in \underline{\mathcal{B}}(k_O)$ 且 $(A, B) \neq (C, D)$，则 $A \neq C$，$B \neq D$。从而 $(A, (B_1, B_2)) \neq (C, (D_1, D_2))$，即 $\varphi(A, B) \neq \varphi(C, D)$。从而 φ 是单射。另一方面，我们需证 φ 是满射，即对于任意的 $(A, (B_1, B_2)) \in OEL(G, M, I)$，定义 $B = (B_1 \times \{0\}) \cup (\{0\} \times B_2)$，下证 $(A, B) \in \underline{\mathcal{B}}(k_O)$ 且 $\varphi(A, B) = (A, (B_1, B_2))$。对于任意的 $(m, n) \in B$，我们分以下两种情况讨论。第一种情况：$(m, n) \in B_1 \times \{0\}$，故 $n = 0$，$m \in B_1$。因为 $(A, (B_1, B_2)) \in OEL(G, M, I)$，所以 $A^I = B_1$，$A^{I^c} = B_2$ 且 $A = B_1^I \cap B_2^{I^c}$。故 $m \in A^I$，从而对于任意的 $g \in A$，$m \in g^I$。由 ~ 的定义知，$g \sim (m, 0)$。又由 g 的任意性知 $(m, 0) \in A^{\sim}$。第二种情况：$(m, n) \in \{0\} \times B_2$。同理可证 $(m, n) \in A^{\sim}$。综合上述两种情况可知对于任意的 $(m, n) \in B$，$(m, n) \in A^{\sim}$，从而 $B \subseteq A^{\sim}$。类似地，对于任意的 $(m, n) \in A^{\sim}$，$g \in A$，则 $g \sim$

(m, n)。下面我们也分以下两种情况讨论。第一种情况：$(m, n)=(m, 0)$。由 ~ 的定义知 $m \in g^I$。由 g 的任意性知 $m \in A^I$，又 $A^I = B_1$，故 $m \in B_1$。因此 $(m, n)=(m, 0) \in B_1 \times \{0\} \subseteq B$。第二种情况：$(m, n)=(0, n)$。同理可证 $(m, n)=(0, n) \in B$。综合上述两种情况可知对于任意的 $(m, n) \in A^{\sim}$，$(m, n) \in B$，从而 $B \supseteq A^{\sim}$。从而 $B = A^{\sim}$。类似可证 $B^{\sim} = A$。因此 $(A, B) \in \underline{\mathcal{B}}(k_O)$。由 φ 的定义知，$\varphi(A, B)=(A, (B_1, B_2))$。

最后，我们证明 φ 与 φ^{-1} 都是保序映射。

事实上，对于任意的 (A, B)，$(C, D) \in \underline{\mathcal{B}}(k_O)$，$(A, B) \leqslant (C, D) \Leftrightarrow A \subseteq C \Leftrightarrow (A, (B_1, B_2)) \leqslant (C, (D_1, D_2)) \Leftrightarrow \varphi(A, B) \leqslant \varphi(C, D)$。

综上所述，$\underline{\mathcal{B}}(k_O)$ 与 $OEL(G, M, I)$ 是同构的。

通过定理 3.2.4 的证明过程，我们立刻可得下述定理，该定理给出了一种对象诱导的三支概念格的构造方法。

定理 3.2.5 设 $k_1=(G, M, I)$ 为形式背景，$k_2=(G, M, I^c)$ 为其补背景，其中 $I^c=(G \times M) \setminus I$。则 $OEL(G, M, I)=\{(A, (B_1, B_2)) \mid (A, B) \in \underline{\mathcal{B}}(k_O)\}$，其中 $B_1=\{x \mid (x, y) \in B$ 且 $x \neq 0\}$，$B_2=\{y \mid (x, y) \in B$ 且 $y \neq 0\}$。

例 3.2.2（续例 3.2.1） 在图 3－1 中，选取 $G \in \underline{\mathcal{B}}(k_O)$ 为例来计算三支概念。通过定理 2.3.5，我们有 $A=\{2, 4\}$，$B_1=\{a, b, c\}$ 且 $B_2=\{d, e\}$。因此，相应的三支概念为 $(24, (abc, de))$。通过转换 $\underline{\mathcal{B}}(k_O)$ 的每个元素后，所得的对象诱导的三支概念格如图 3－2 所示。

在文献中，Wille 提出了两个形式背景并置的概念格是这两个背景所对应的概念格的线性嵌套。又由于通过定理 3.2.2 及定理 3.2.4 知，$\underline{\mathcal{B}}(\widetilde{k_1})$，$\underline{\mathcal{B}}(\widetilde{k_2})$ 及 $\underline{\mathcal{B}}(k_O)$ 分别同构于 $\underline{\mathcal{B}}(k_1)$，$\underline{\mathcal{B}}(k_2)$ 及 $OEL(k_1)$。因此，我们可以得到 $\underline{\mathcal{B}}(k_1)$，$\underline{\mathcal{B}}(k_2)$ 与 $OEL(k_1)$

的关系，其具体相关内容，我们将在第 7 章详细说明。

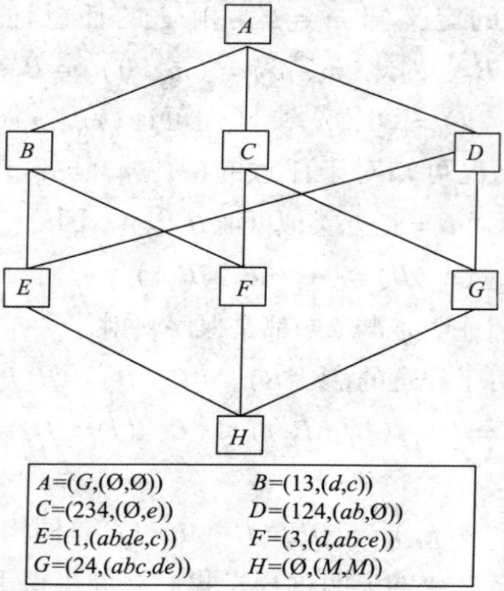

图 3－2　表 3－1 的 $OEL(G, M, I)$

3.3　属性诱导的三支概念格构造

类似于第 3.2 节，本节将从两个方面研究属性诱导的三支概念格的构造问题，首先寻找属性诱导的三支概念的等价刻画，其次研究利用经典概念格的构造方法构造属性诱导的三支概念格。

3.3.1　属性诱导的三支概念的等价刻画

设(G, M, I)为形式背景，记$AEL_{\mathrm{M}}(G, M, I)$为所有三支概念的内涵构成的集合。根据 AE-算子的定义，我们给出 AE-概念的等价刻画。

定理 3.3.1　设(G, M, I)为形式背景，(G, M, I^c)为其补背景，其中$I^c=(G\times M)\setminus I$。则$A\in AEL_{\mathrm{M}}(G, M, I)$当且仅当$A=A^{II}\cap A^{I^cI^c}$。

证明⇒. 若 $A \in AEL_M(G, M, I)$，则 $((A^I, A^{I^c}), A) \in AEL(G, M, I)$。从而由 AE-概念的定义知，$A = A^{II} \cap A^{I^cI^c}$。

⇐. 若 $A = A^{II} \cap A^{I^cI^c}$，从而由 AE-概念的定义知，$((A^I, A^{I^c}), A) \in AEL(G, M, I)$。故 $A \in AEL_M(G, M, I)$。

从定理 3.3.1 的证明过程，我们容易得到下列结论。

推论 3.3.1　设 (G, M, I) 为形式背景。(G, M, I^c) 为其补背景，其中 $I^c = (G \times M) \setminus I$。对于任意的 $A \subseteq M$，则 $((A^I, A^{I^c}), A^{II} \cap A^{I^cI^c}) \in AEL(G, M, I)$。

此 AE-概念的等价刻画说明可以仅通过一个属性子集计算 AE-概念，这比用定义法求 AE-概念效率高，降低了 AE-概念的计算复杂度。

3.3.2　属性诱导的三支概念格的背景叠置构造法

在本节中，类似于第 3.2.2 节，我们将寻构造与属性诱导的三支概念格相应的形式背景，进而通过此形式背景的经典概念格构造属性诱导的三支概念格。由于对象集与属性集间的对偶性，我们略去了本节相关结论的证明。

下面，我们将给出利用形式背景间的关系及运算构造与对象诱导的三支概念格相应的形式背景的具体过程。

设 (G, M, I) 为形式背景，(G, M, I^c) 为其补背景，其中 $I^c = (G \times M) \setminus I$。为了利用形式背景间的叠置运算以及方便构造属性诱导的三支概念格，我们首先通过添加标签 $\{0\}$ 的方式将 (G, M, I) 与 (G, M, I^c) 的对象集进行区分，定义如下两个新的形式背景：

$\widehat{k_1} = (G \times \{0\}, M, \blacktriangle)$，对于任意的 $(g, 0) \in G \times \{0\}$ 及 $m \in M$，$(g, 0) \blacktriangle m \Leftrightarrow gIm$。

$\widehat{k_2} = (\{0\} \times G, M, \blacktriangledown)$，对于任意的 $(0, g) \in \{0\} \times G$ 及 $m \in M$，

$(0, g)\blacktriangledown m \Leftrightarrow gI^c m$。

记$\widehat{k_i}$的概念格为$\underline{\mathcal{B}}(\widehat{k_i})$。紧接着，我们将研究 k_i 与$\widehat{k_i}$以及其概念格间的关系，其中 $i=1, 2$。

定理 3.3.2 设 $k_1=(G, M, I)$ 为形式背景，$k_2=(G, M, I^c)$ 为其补背景，其中 $I^c=(G\times M)\setminus I$。则 k_i 和$\widehat{k_i}$是同构的，$\underline{\mathcal{B}}(k_i)$ 和$\underline{\mathcal{B}}(\widehat{k_i})$ 是同构的，其中 $i=1, 2$。

证明　我们只证明 $i=1$ 的情况，$i=2$ 的情况类似证明。定义 α：$G\to G\times\{0\}$ 为对于任意的 $g\in G$，$\alpha(g)=(g, 0)$，与 β：$M\to M$ 为对于任意的 $m\in M$，$\beta(m)=m$。显然 α 与 β 是双射。进一步，由$\widehat{k_1}$中的定义知，$(g, 0)\ m\Leftrightarrow gIm$。由背景同构的定义知 k_1 和$\widehat{k_1}$是同构的。又由于同构的形式背景具有同构的概念格，所以$\underline{\mathcal{B}}(k_1)$ 和$\underline{\mathcal{B}}(\widehat{k_1})$ 是同构的。

利用上述两个形式背景$\widehat{k_1}$与$\widehat{k_2}$，我们构造 II－型混合形式背景。

定义 3.3.1 设 $k_1=(G, M, I)$ 为形式背景，$k_2=(G, M, I^c)$ 为其补背景，其中 $I^c=(G\times M)\setminus I$。则称$\widehat{k_1}$与$\widehat{k_2}$的叠置为Ⅱ-型混合形式背景，记作 k_A，即 $k_A=\dfrac{\widehat{k_1}}{\widehat{k_2}}=(G\times\{0\}\cup\{0\}\times G, M, \blacktriangle\cup\blacktriangledown)$。

类似于第 3.2.2 节，记 k_A 的概念格为$\underline{\mathcal{B}}(k_A)$。通过 k_A 的定义，我们很容易得到$\underline{\mathcal{B}}(k_A)$ 的性质。

定理 3.3.3 设 $k_1=(G, M, I)$ 为形式背景。$k_2=(G, M, I^c)$ 为其补背景，其中 $I^c=(G\times M)\setminus I$。若$(A, B)\in\underline{\mathcal{B}}(k_A)$，记 $A^1=\{x\mid(x, y)\in A\}$ 及 $A^2=\{y\mid(x, y)\in A\}$，则 $A=(A^1\times\{0\}\cup\{0\}\times A^2)\setminus\{(0, 0)\}$。

以下定理说明 k_A 恰恰是我们所需要的与属性诱导的三支概念格相对应的形式背景。

定理 3.3.4 设 $k_1=(G, M, I)$ 为形式背景，$k_2=(G, M, I^c)$

为其补背景，其中 $I^c=(G\times M)\setminus I$。则$\underline{\mathcal{B}}(k_A)$ 与 $AEL(G, M, I)$ 是同构的。

对于任意的$(X, A)\in\underline{\mathcal{B}}(k_A)$，定义 $\varphi(A, B)=((A_1, A_2), B)$，其中 $A_1=\{x\mid(x, y)\in A$ 且 $x\neq0\}$，$A_2=\{y\mid(x, y)\in A$ 且 $y\neq0\}$。类似于定理3.2.4 的证明过程，我们很容易证明 φ 是$\underline{\mathcal{B}}(k_A)$ 与 $AEL(G, M, I)$ 之间的同构映射。因此，通过上述同构映射，我们也很容易得到属性诱导的三支概念格的一种构造方法如下定理所示。

定理3.3.5 设 $k_1=(G, M, I)$ 为形式背景，$k_2=(G, M, I^c)$ 为其补背景，其中 $I^c=(G\times M)\setminus I$。则 $AEL(G, M, I)=\{((A_1, A_2), B)\mid(A, B)\in\underline{\mathcal{B}}(k_A)\}$，其中 $A_1=\{x\mid(x, y)\in A$ 且 $x\neq0\}$，$A_2=\{y\mid(x, y)\in A$ 且 $y\neq0\}$。

类似地，我们也将通过具体例子说明上述研究内容。

例3.3.1(续例3.2.1) 由例3.2.1 知 k_1，k_2 分别如表3-1与表3-2所示。按照上述定义，$\widehat{k_1}$，$\widehat{k_2}$，k_A 以及$\underline{\mathcal{B}}(k_A)$ 分别如表3-6~表3-8以及图3-3所示。

表3-6 $\widehat{k_1}=(G\times\{0\}, M, \blacktriangle)$

G	a	b	c	d	e
(1, 0)	×	×		×	×
(2, 0)	×	×	×		
(3, 0)				×	
(4, 0)	×	×	×		

表3-7 $\widehat{k_2}=(\{0\}\times G, M, \blacktriangledown)$

G	a	b	c	d	e
(0, 1)			×		
(0, 2)				×	×
(0, 3)	×	×	×		×
(0, 4)				×	×

表 3-8 $k_A = \dfrac{\widehat{k_1}}{\widehat{k_2}}$

G	a	b	c	d	e
(1, 0)	×	×		×	×
(2, 0)	×	×	×		
(3, 0)				×	
(4, 0)	×	×	×		
(0, 1)			×		
(0, 2)				×	×
(0, 3)	×	×	×		×
(0, 4)				×	×

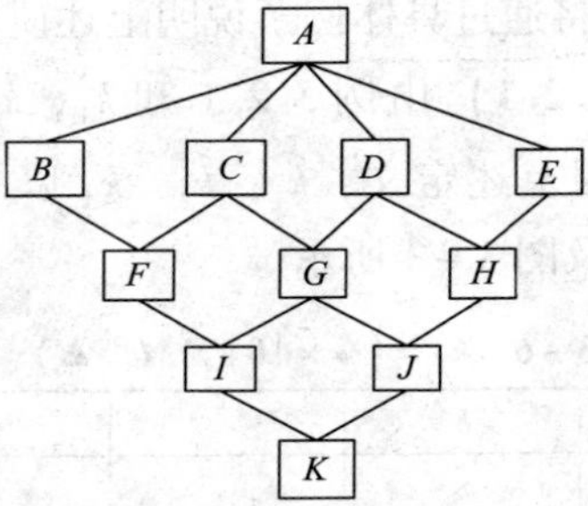

$A=(\{(1,0),(2,0),(3,0),(0,4),(0,1),(0,2),(0,3),(0,4)\},\varnothing)$
$B=(\{(1,0),(3,0),(0,2),(0,4)\},d)$
$C=(\{(1,0),(0,2),(0,3),(0,4)\},e)$
$D=(\{(1,0),(2,0),(4,0),(0,3)\},ab)$
$E=(\{(2,0),(4,0),(0,1),(0,3)\},c)$
$F=(\{(1,0),(0,2),(0,4)\},de)$
$G=(\{(1,0),(0,3)\},abe)$
$H=(\{(2,0),(4,0),(0,3)\},abc)$
$I=(\{(1,0)\},abde)$
$J=(\{(0,3)\},abce)$
$K=(\varnothing,M)$

图 3-3　表 3-8 的概念格$\underline{\mathcal{B}}(k_A)$

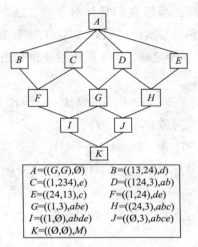

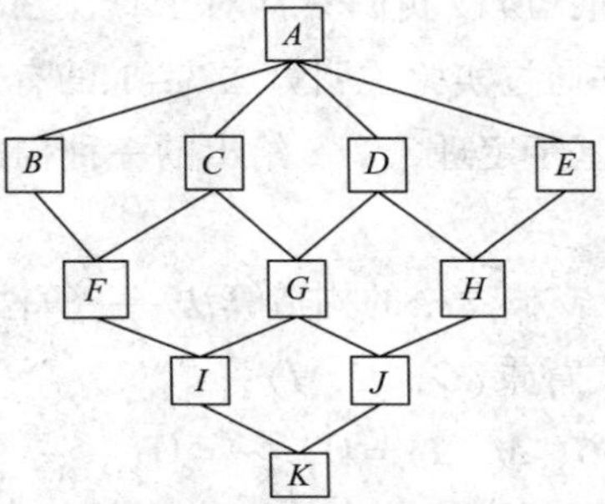

$A=((G,G),\emptyset)$　　$B=((13,24),d)$
$C=((1,234),e)$　　$D=((124,3),ab)$
$E=((24,13),c)$　　$F=((1,24),de)$
$G=((1,3),abe)$　　$H=((24,3),abc)$
$I=((1,\emptyset),abde)$　　$J=((\emptyset,3),abce)$
$K=((\emptyset,\emptyset),M)$

图 3－4　表 3－1 的概念格 $AEL(G, M, I)$

Ⅱ-混合形式背景 k_A 相应的概念格如图 3－3 所示。我们选择图 3－3 中的 $H\in\underline{\mathcal{B}}(k_A)$ 为例计算 AE-概念。通过定理 3. 3. 3 及定理 3. 3. 5，我们有 $B=\{a, b, c\}$，$A_1=\{2, 4\}$ 且 $A_2=\{3\}$。因此，相应的三支概念为((24, 3), abc)。利用定理 3. 3. 5 所得的属性诱导的三支概念格如图 3－4 所示。

在文献中，Wille 提出了两个形式背景叠置的概念格是这两个背景所对应的概念格的线性嵌套。又由于通过定理 3. 2. 7 及定理 3. 2. 9 知，$\underline{\mathcal{B}}(\widehat{k_1})$，$\underline{\mathcal{B}}(\widehat{k_2})$ 及 $\underline{\mathcal{B}}(k_A)$ 分别同构于 $\underline{\mathcal{B}}(k_1)$，$\underline{\mathcal{B}}(k_2)$ 及 $AEL(k_1)$。因此，我们可以得到 $\underline{\mathcal{B}}(k_1)$，$\underline{\mathcal{B}}(k_2)$ 与 $AEL(k_1)$ 之间更具体的关系。相关结论将在第 7 章中详细说明。

3.4　三支概念格的算法与实验

基于第 3. 2. 2 节及第 3. 3. 2 节中三支概念格的构造方法，在本节中，我们给出相应的算法－算法 3－1 与算法 3－2。由于两种算法的步骤相同，所以我们只针对于算法 3－1 编写程序，对数据进行实验，并通过实验说明算法 3－1 的有效性和可行性。

算法 3－1 是基于定理 3.2.5 给出的一种构造对象诱导的三支概念格的新算法。

对象诱导的三支概念格的构造算法——算法 3－1：

（1）输入形式背景(G, M, I)；

（2）令 $OEL(G, M, I)=\emptyset$，$\sim=\emptyset$；

（3）while$(g\in G$ 且$(m, n)\in(M\times\{0\})\cup(\{0\}\times M))$
$\{$if$(m, n)\in M\times\{0\}$ 且$(g, m)\in I$ $\{\sim=\sim\cup\{(g, (m, n))\}\}$ if$(m, n)\in\{0\}\times M$ 且$(g, n)\notin I$ $\{\sim=\sim\cup\{(g, (m, n))\}\}\}$

记 $k_O=(G, (M\times\{0\})\cup(\{0\}\times M), \sim)$；

（4）调用算法 Inclose2 计算 $k_O=(G, (M\times\{0\})\cup(\{0\}\times M), \sim)$ 的所有概念，并记为$\underline{\mathcal{B}}(k_O)$。

（5）While$((A, B)\in\underline{\mathcal{B}}(k_O))\{B_1=\{x\mid(x, y)\in B$ 且 $x\neq0\}$，$B_2=\{y\mid(x, y)\in B$ 且 $y\neq0\}$，$OEL(G, M, I)=OEL(G, M, I)\cup\{(A, (B_1, B_2))\}\}$；

（6）输出 $OEL(G, M, I)$。

在算法 3－1 中，第三步构造了新背景，即 I－型混合形式背景。第五步实现了将 I－型混合形式背景的概念格转化为对象诱导的三支概念格的过程。从算法上看，算法 3－1 的时间复杂度取决于第四步。而在第四步中，我们可以用其他的构造概念格的算法替代由 Andrews 在文献中提出的 Inclose2 算法。因此，算法 3－1是比较灵活的，其时间复杂度取决于第四步用的构造概念格的算法。

下面的算法 3－2 是根据定理 3.3.5 给出的一种构造属性诱导的三支概念格的新算法。对于算法 3－2 的分析类似于算法 3－1。

属性诱导的三支概念格的构造算法——算法 3 -2：

(1) 输入形式背景(G, M, I)；

(2) 令 $AEL(G, M, I)=\emptyset$，$\sim=\emptyset$；

(3) while$((g, h)\in(G\times\{0\})\cup(\{0\}\times G)$ 且 $m\in M$
$\{$if$(g, h)\in G\times\{0\}$ 且$(g, m)\in I$ $\{\sim=\sim\cup\{((g, h), m)\}\}$
if$(g, h)\in\{0\}\times G$ 且$(h, m)\notin I$ $\{\sim=\sim\cup\{((g, h), m)\}\}\}$
记 $k_A=((G\times\{0\})\cup(\{0\}\times G), M, \sim)$；

(4) 调用算法 Inclose2 计算 $k_A=((G\times\{0\})\cup(\{0\}\times G), M, \sim)$ 的所有概念，并定义为$\underline{\mathcal{B}}(k_A)$；

(5) While$((A, B)\in\underline{\mathcal{B}}(k_A))$ $\{A_1=\{x\mid(x, y)\in A$ 且 $x\neq 0\}$，$A_2=\{y\mid(x, y)\in A$ 且 $y\neq 0\}$，$AEL(G, M, I)=AEL(G, M, I)\cup\{((A_1, A_2), B)\}\}$；

(6) 输出 $AEL(G, M, I)$。

首先，我们将通过一个例子详细描述上一小节中提出的两个算法：算法 3 -1 及算法 3 -2。

例 3.4.1 形式背景 $k_1=(G, M, I)$ 如表 3 -9 中所示，其中对象集 $G=\{1, 2, 3, 4\}$，属性集 $M=\{a, b, c\}$。

表 3 -9　$k_1=(G, M, I)$

G	a	b	c
1	×	×	
2	×		
3	×		×
4		×	

对于上述形式背景，按照算法 3 -1 求解所有 OE-概念有如下步骤：

(1) 输入 k_1。

（2）构造形式背景 k_O 如表 3－10 所示。

表 3－10　k_O

G	$(a, 0)$	$(b, 0)$	$(c, 0)$	$(0, a)$	$(0, b)$	$(0, c)$
1	×	×				×
2	×				×	×
3	×		×		×	
4		×		×		×

（3）用文献中的 Inclose2 算法计算 k_O 的所有概念，如图3－5 所示。

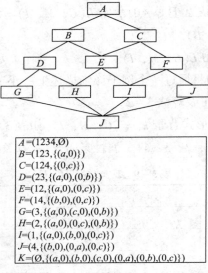

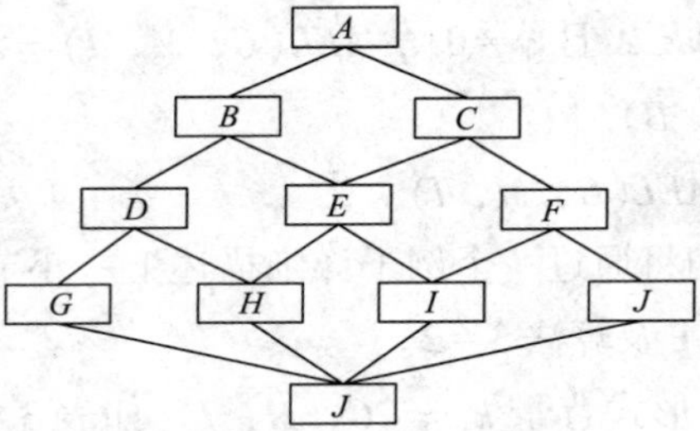

$A=(1234,\varnothing)$
$B=(123,\{(a,0)\})$
$C=(124,\{(0,c)\})$
$D=(23,\{(a,0),(0,b)\})$
$E=(12,\{(a,0),(0,c)\})$
$F=(14,\{(b,0),(0,c)\})$
$G=(3,\{(a,0),(c,0),(0,b)\})$
$H=(2,\{(a,0),(0,c),(0,b)\})$
$I=(1,\{(a,0),(b,0),(0,c)\})$
$J=(4,\{(b,0),(0,a),(0,c)\})$
$K=(\varnothing,\{(a,0),(b,0),(c,0),(0,a),(0,b),(0,c)\})$

图 3－5　表 3－10 的概念格$\mathcal{B}(k_O)$

（4）通过转化，计算 k_1 的所有 OE-概念如图 3－6 所示。

类似于算法 3－1，按照算法 3－2 求解所有 AE-概念有如下步骤：

（1）输入 k_1。

（2）构造形式背景 k_A 如表 3－11 所示。

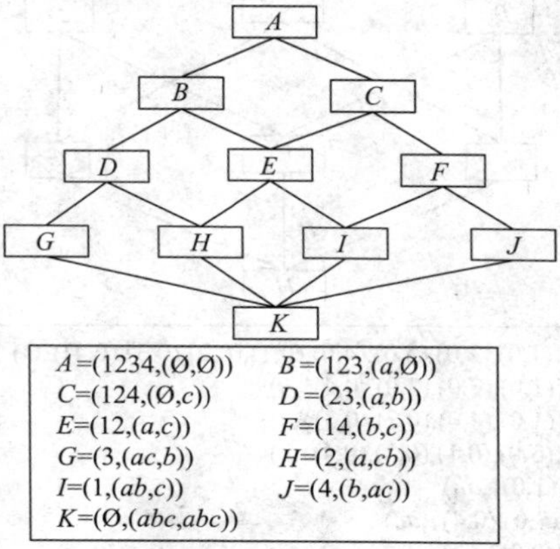

图 3－6　表 3－9 的 $OEL(k_1)$

表 3－11　k_A

G	a	b	c
(1, 0)	×	×	
(2, 0)	×		
(3, 0)	×		×
(4, 0)		×	
(0, 1)			×
(0, 2)		×	×
(0, 3)		×	
(0, 4)	×		×

（3）用文献中的 Inclose2 算法计算 k_A 的所有概念，如图3－7 所示。

（4）通过转化，计算 k_1 的所有 AE-概念如图 3－8 所示。

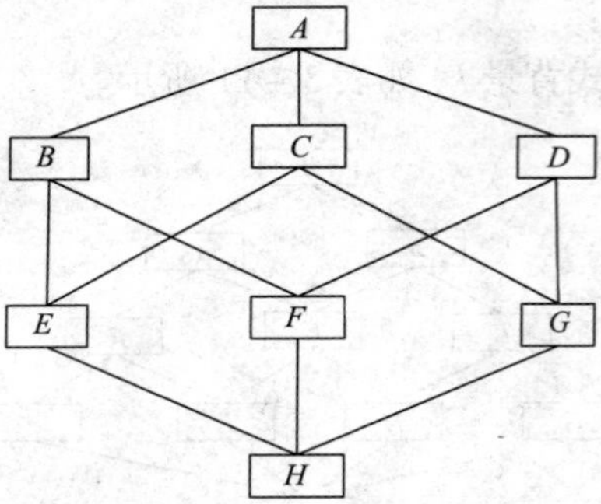

$A=(\{(1,0),(2,0),(3,0),(4,0),(0,1),(0,2),(0,3),(0,4)\},\varnothing)$
$B=(\{(1,0),(2,0),(3,0),(0,4)\},a)$
$C=(\{(1,0),(4,0),(0,2),(0,3)\},b)$
$D=(\{(3,0),(0,1),(0,2),(0,4)\},c)$
$E=(\{(1,0)\},ab)$
$F=(\{(3,0),(0,4)\},ac)$
$G=(\{(0,2)\},bc)$
$H=(\varnothing,abc)$

图 3－7　表 3－11 的概念格$\mathcal{B}(k_A)$

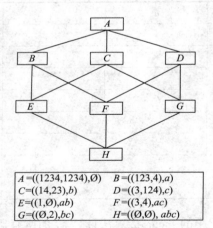

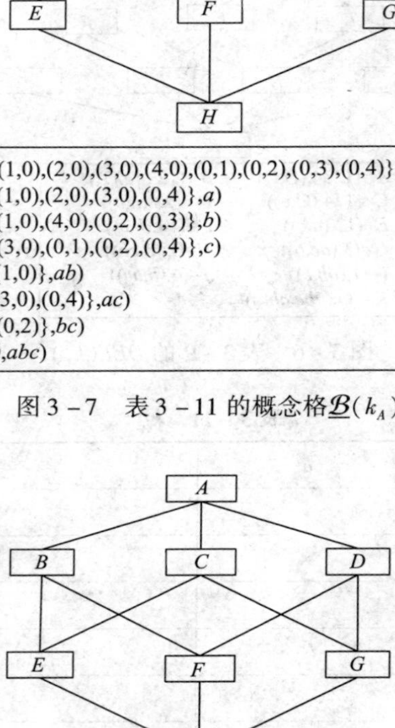

$A=((1234,1234),\varnothing)$　$B=((123,4),a)$
$C=((14,23),b)$　$D=((3,124),c)$
$E=((1,\varnothing),ab)$　$F=((3,4),ac)$
$G=((\varnothing,2),bc)$　$H=((\varnothing,\varnothing),abc)$

图 3－8　表 3－9 的 $AEL(k_1)$

上述例子表明了我们设计的算法是可行和有效的。

下面，我们依据算法 3 –1 进行实验。我们的实验环境规格是 64 位操作系统，intel i3 –4130 处理器，3.4GHz 主频，4GB 只读存储器。

实验采用的五个数据如下所示：

数据 1：表 3 –12 中所示的形式背景。

表 3 –12　形式背景(G, M, I)

G	a	b	c	d	e
1	×	×		×	×
2	×	×	×		
3				×	
4	×	×	×		

数据 2：表 3 –9 中所示的形式背景。

数据 3：表 2 –1 中所示的形式背景。

数据 4：第 2.2.3 节的数据 4——在超国家群组中发展中国家的关系。

数据 5：第 2.3.4 节的数据 3——动物园数据。

实验结果如表 3 – 13 所示。其中，$|\underline{\mathcal{B}}|$ 表示概念的数量，$|OEL|$ 表示 OE-概念的数量，且 Time 表示算法 3 –1 所运行的时间。

表 3 –13　实验结果

数据	$\|G\|$	$\|M\|$	$\|\underline{\mathcal{B}}\|$	$\|OEL\|$	Time/ms
1	4	5	6	8	59
2	4	3	6	11	78
3	8	8	19	44	109
4	130	6	23	122	125
5	101	28	354	29793	5631

3.5 小结

三支概念格分为对象诱导的三支概念格与属性诱导的三支概念格两种。本章主要研究了三支概念格的构造问题。构造对象诱导的三支概念格，首先构造了与原背景及其补背景同构的形式背景，其次利用两者的同构背景的并置构造了新的形式背景，即Ⅰ-型混合背景。然后研究了Ⅰ-型混合背景的概念格与对象诱导的三支概念格之间的关。最后给出对象诱导的三支概念格的构造方法。

另外，根据对象与属性集在形式背景中的对偶性，类似地，我们给出了属性诱导的三支概念格的构造方法。

第 4 章　三支面向对象(属性)概念格的构造

本章将首先给出三支面向对象概念格以及三支面向属性概念格的定义及其性质，其次将分别研究它们的构造方法。

4.1　引言

在形式概念分析中，形式概念是概念格的基本元素。形式概念由外延 X 和内涵 A 两部分组成。其所表达的语义是 X 中的每个对象都共同具有 A 中的所有属性，A 中的每个属性被 X 中的所有对象所共同拥有。也就是说，至少具有 A 中所有属性的对象才能被放在了外延中以及至少被 X 中的每个对象都共同具的属性才被放在内涵中。我们认为这样要求过于严格。在思想角度讲，是一种悲观的想法。我们变悲观为乐观，从满足所有条件到满足局部条件，把只要具有 A 中部分属性的对象就放在外延中或把只要被 X 中的部分对象共同具的属性放在内涵中。这也是我们对第 1.3.3 节中所涉及算子 $\Diamond$ 及 $\Box$ 的一种新的认识。

三支决策被提出后，三决策理论被广泛应用，出现了大量的与其相关的理论。三支概念分析是三支决策与形式概念分析相结合的产物。三支概念分析的理论框架是对象诱导的三支概念格与属性诱导的三支概念格。三支概念不同于形式概念。对象诱导的三支概念格中每个三支概念内涵有两部分组成即外延中每个对象所共同具有的属性所构成的集合与外延中每个对象所共同不具有的属性所构成的集合。属性诱导的三支概念格中每个三支概念外延有两部分组成即共同具有内涵中所有属性的对象构成的集合与共同不具有内涵中所有属性的对象构成的集合。受此启发，利用上述对算子◇及□的认识，我们把三支概念格推广到三支面向对象(属性) 概念格。

4.2 三支面向对象(属性) 算子的定义及性质

首先，我们将精确的刻画局部完全共有与局部完全不共有的定义。

定义 4.2.1 设(G, M, I) 为形式背景。$X\subseteq G$, $A\subseteq M$, $g\in G$ 且 $m\in M$，若 $m^I\subseteq X$，则称 m 被 X 局部完全共有。若 $g^I\subseteq A$，则称 g 局部完全共有 A。类似地，若 $m^{I^c}\subseteq X$，则称 m 被 X 局部完全不共有。若 $g^{I^c}\subseteq A$，则称 g 局部完全不共有 A。

我们利用具体例子解释局部完全共有的定义。

例 4.2.1 设形式背景(G, M, I) 如表 1 - 1 所示，其中对象集 $G=\{1, 2, 3, 4, 5\}$，属性集 $M=\{a, b, c, d, e\}$。给定 $X=\{1, 2, 3\}\subseteq G$，取 $m=c$，计算可得 $c^I=\{1, 2\}\subseteq X$，即，c 可以被集合 $\{123\}$ 中的一部分(1 与 2) 共同具有，且具有 c 的全部对象都在 X 中，对应于定义 4.2.1，即 c 被 $\{1, 2, 3\}$ 局部完全共有。若取 $m=e$，我们计算 $e^I=\{1, 3, 5\}$。虽然 e 被 $\{1, 2, 3\}$ 的一部分 $\{1, 3\}$ 共有，但不另一个具有 e 的对象 5 却不在 X 中。所以，我们不能说 e 被 X 局部完全共有。

类似于定义 1.2.14 中 I 的负算子 I^c 的定义，对于第 1.2.3 节中涉及的算子◇及□，我们也将分别给出相应负算子的定义。

定义 4.2.2　设(G, M, I)为形式背景。$X\subseteq G$及$A\subseteq M$，分别定义$\Box$及$\Diamond$的负算子如下：$\overline{\Box}(\overline{\Diamond})$：$\mathcal{P}(G)\rightarrow\mathcal{P}(M)$及$\overline{\Diamond}(\overline{\Box})$：$\mathcal{P}(M)\rightarrow\mathcal{P}(G)$，

$$X^{\overline{\Box}}=\{m\in M\mid m^{I^c}\subseteq X\},$$
$$X^{\overline{\Diamond}}=\{m\in M\mid m^{I^c}\cap X\neq\emptyset\},$$
$$A^{\overline{\Diamond}}=\{g\in G\mid g^{I^c}\cap A\neq\emptyset\},$$
$$A^{\overline{\Box}}=\{g\in G\mid g^{I^c}\subseteq A\}。$$

给定$A\subset M$，根据算子的语义及性质，G将被分解成下面三个域：正域POS_A^G，负域NEG_A^G，及边界域BND_A^G。

$$\mathrm{POS}_A^G=A^{\Box},$$
$$\mathrm{NEG}_A^G=A^{\overline{\Box}},$$
$$\mathrm{BND}_A^G=G-(A^{\Box}\cup A^{\overline{\Box}})。$$

正域POS_A^G表示其内的每个对象都局部完全拥有A。NEG_A^G表示其内的每个对象都局部完全不拥有A。边界域BND_A^G表示其内的每个对象都既不局部完全拥有A，也不局部完全不拥有A。

类似地，给定$X\subset G$，M也将被分解成下面三个域：正域POS_X^M，负域NEG_X^M，及边界域BND_X^M。

$$\mathrm{POS}_X^M=X^{\Box},$$
$$\mathrm{NEG}_X^M=X^{\overline{\Box}},$$
$$\mathrm{BND}_X^M=M-(X^{\Box}\cup X^{\overline{\Box}})。$$

正域POS_X^M表示其内的每个属性都被X局部完全拥有。NEG_X^M表示其内的每个属性都被X局部完全不拥有。边界域BND_X^M表示其内的每个属性都既不被X局部完全拥有X，也不被X局部完全不拥有X。

下面，我们通过例子求解M的三个域。

例 4.2.2　设形式背景(G, M, I)如表 1－1 所示，其中对象集$G=\{1, 2, 3, 4, 5\}$，属性集$M=\{a, b, c, d, e\}$。给定

$X=\{1, 2, 3, 4\}$，我们通过下面步骤获得 M 的三个域：

首先，对于所有的 $g\in G$ 及 $m\in M$，我们计算 g^I、g^{I^c}、m^I 及 m^{I^c}。

$1^I=\{a, c, d, e\}$，　　$1^{I^c}=\{b\}$，

$a^I=\{1, 2, 4, 5\}$，　　$a^{I^c}=\{3\}$，

$2^I=\{a, c\}$，　　$2^{I^c}=\{b, d, e\}$，

$b^I=\{3, 5\}$，　　$b^{I^c}=\{1, 2, 4\}$，

$3^I=\{b, e\}$，　　$3^{I^c}=\{a, c, d\}$，

$c^I=\{1, 2\}$，　　$c^{I^c}=\{3, 4, 5\}$，

$4^I=\{a\}$，　　$4^{I^c}=\{b, c, d, e\}$，

$d^I=\{1\}$，　　$d^{I^c}=\{2, 3, 4, 5\}$，

$5^I=\{a, b, e\}$，　　$5^{I^c}=\{c, d\}$，

$e^I=\{1, 3, 5\}$，　　$e^{I^c}=\{2, 4\}$。

其次，通过定义 1.2.13 及定义 4.2.2，我们计算 $X^{\Box}$ 及 $X^{\overline{\Box}}$。$X^{\Box}=\{m\in M \mid m^I\subseteq X\}=\{c, d\}$，$X^{\overline{\Box}}=\{m\in M \mid m^{I^c}\subseteq X\}=\{a, b, e\}$。最后，我们获得 M 的三个域如下：

$$\mathrm{POS}_X^M=\{c, d\},$$

$$\mathrm{NEG}_X^M=\{a, b, e\},$$

$$\mathrm{BND}_X^M=\varnothing。$$

基于三支决策的语义，结合$\Box$，$\Diamond$，$\overline{\Box}$及$\overline{\Diamond}$，我们给出新的三支算子的定义。

定义 4.2.3　设(G, M, I)为形式背景。对于任意的 $X\subseteq G$ 及 $A, B\subseteq M$，定义由对象诱导的三支面向对象算子：$\triangleright$：$\mathcal{P}(G)\to\mathcal{DP}(M)$ 及$\triangleleft$：$\mathcal{DP}(M)\to\mathcal{P}(G)$，为 $X^{\triangleright}=(X^{\Box}, X^{\overline{\Box}})$ 与$(A, B)^{\triangleleft}=A^{\Diamond}\cup B^{\overline{\Diamond}}$，记作 OEO-算子。

为了方便简单，对于下面的新的三支算子，我们采用了与 OEO-算子相同的符号。

定义 4.2.4　设(G, M, I)为形式背景。对于任意的$X, Y\subseteq G$及$A\subseteq M$，定义由属性诱导的三支面向属性算子：$\triangleright$：$\mathcal{P}(M)\rightarrow\mathcal{DP}(G)$及$\triangleleft$：$\mathcal{DP}(G)\rightarrow\mathcal{P}(M)$，为$A^{\triangleright}=(A^{\Box}, A^{\overline{\Box}})$且$(X, Y)^{\triangleleft}=X^{\Diamond}\cup Y^{\overline{\Diamond}}$，记作AEP-算子。

为了后文叙述方便，我们统称三支面向对象算子与三支面向属性算子为三支面向对象(属性)算子。

下面，我们将给出三支面向对象(属性)算子的性质。

定理 4.2.1　设(G, M, I)为形式背景。$X, Y, Z, W\subseteq G$且$A, B, C, D\subseteq M$，三支面向对象(属性)算子$\triangleright$及$\triangleleft$的性质包括以下三部分：

1.

(1) $X\subseteq Y\Rightarrow X^{\triangleright}\subseteq Y^{\triangleright}$，$A\subseteq B\Rightarrow A^{\triangleright}\subseteq B^{\triangleright}$。

(2) $(X\cap Y)^{\triangleright}=X^{\triangleright}\cap Y^{\triangleright}$，$(A\cap B)^{\triangleright}=A^{\triangleright}\cap B^{\triangleright}$。

(3) $(X\cup Y)^{\triangleright}\supseteq X^{\triangleright}\cup Y^{\triangleright}$，$(A\cup B)^{\triangleright}\supseteq A^{\triangleright}\cup B^{\triangleright}$。

2.

(1) $(X, Y)\subseteq(Z, W)\Rightarrow(X, Y)^{\triangleleft}\subseteq(Z, W)^{\triangleleft}$，$(A, B)\subseteq(C, D)\Rightarrow(A, B)^{\triangleleft}\subseteq(C, D)^{\triangleleft}$。

(2) $((X, Y)\cup(Z, W))^{\triangleleft}=(X, Y)^{\triangleleft}\cup(Z, W)^{\triangleleft}$，$((A, B)\cup(C, D))^{\triangleleft}=(A, B)^{\triangleleft}\cup(C, D)^{\triangleleft}$。

(3) $((X, Y)\cap(Z, W))^{\triangleleft}\subseteq(X, Y)^{\triangleleft}\cap(Z, W)^{\triangleleft}$，$((A, B)\cap(C, D))^{\triangleleft}\subseteq(A, B)^{\triangleleft}\cap(C, D)^{\triangleleft}$。

3.

(1) $X^{\triangleright\triangleleft}\subseteq X$，$A^{\triangleright\triangleleft}\subseteq A$。

(2) $X^{\triangleright}=X^{\triangleright\triangleleft\triangleright}$，$A^{\triangleright}=A^{\triangleright\triangleleft\triangleright}$。

(3) $(A, B)\subseteq X^{\triangleright}\Leftrightarrow(A, B)^{\triangleleft}\subseteq X$。

(4) $(X, Y)\subseteq(X, Y)^{\triangleleft\triangleright}$，$(A, B)\subseteq(A, B)^{\triangleleft\triangleright}$。

(5) $(X, Y)^{\triangleleft}=(X, Y)^{\triangleleft\triangleright\triangleleft}$，$(A, B)^{\triangleleft}=(A, B)^{\triangleleft\triangleright\triangleleft}$。

(6) $(X, Y)\subseteq A^{\triangleright}\Leftrightarrow(X, Y)^{\triangleleft}\subseteq A$。

例 4.2.3(续例 4.2.2) 设形式背景(G, M, I)如表 1-1 所示。对象集 $G=\{1, 2, 3, 4, 5\}$，及属性集 $M=\{a, b, c, d, e\}$。给定 $X=\{1, 2, 3, 4\}$，通过例 4.2.2 我们知，$X^{\square}=\{c, d\}$，$X^{\overline{\square}}=\{a, b, e\}$。所以 $X^{\triangleright}=(X^{\square}, X^{\overline{\square}})=(\{c, d\}, \{a, b, e\})$。

给定 $A=\{c, d\}$ 及 $B=\{a, b, e\}$，我们计算 $A^{\diamond}=\{g\in G\mid g^{I}\cap A\neq\emptyset\}=\{1, 2\}$，$B^{\overline{\diamond}}=\{g\in G\mid g^{I^{c}}\cap B\neq\emptyset\}=\{1, 2, 3, 4\}$。因此，$(A, B)^{\triangleleft}=A^{\diamond}\cup B^{\overline{\diamond}}=\{1, 2\}\cup\{1, 2, 3, 4\}=\{1, 2, 3, 4\}$。

4.3 三支面向对象(属性)概念格的定义及性质

本节，我们将根据三支面向对象(属性)算子，给出相应概念及概念格的定义。首先，我们由 OEO-算子给出三支面向对象概念以及三支面向对象概念格的定义及性质。

定义 4.3.1 设(G, M, I)为形式背景，$X\subseteq G$ 且 $A, B\subseteq M$。若 $X=(A, B)^{\triangleleft}$ 且 $X^{\triangleright}=(A, B)$，则称$(X, (A, B))$为对象诱导的三支面向对象概念，记作 OEO-概念。其中，X，(A, B)分别叫作 OEO-概念$(X, (A, B))$的外延和内涵。

设(G, M, I)为形式背景，记所有 OEO-概念构成的集合为 $OEOL(G, M, I)$。定义 $OEOL(G, M, I)$上的二元关系$\leqslant$为对于任意的$(X, (A, B))$，$(Y, (C, D))\in OEOL(G, M, I)$，

$(X, (A, B))\leqslant(Y, (C, D))\Leftrightarrow X\subseteq Y\Leftrightarrow(A, B)\subseteq(C, D)$。

很容易证明上述$\leqslant$为 $OEOL(G, M, I)$上的偏序关系，即满足自反性，反对称性以及传递性。

另外，定理 4.2.1 中的 3(3) 表明 OEO-算子构成了$\mathcal{P}(G)$与

$\mathcal{DP}(M)$ 间的一对伽略瓦连接。根据伽略瓦连接与完备格之间的关系，我们有如下结论。

定理4.3.1　设(G, M, I) 是形式背景。则$(OEOL(G, M, I), \leqslant)$ 构成完备格。其中对于任意的$(X, (A, B))$，$(Y, (C, D))$ $\in OEOL(G, M, I)$，

$$(X, (A, B))\wedge(Y, (C, D))=((X\cap Y)^{\rhd\lhd}, (A, B)\cap(C, D)),$$

$$(X, (A, B))\vee(Y, (C, D))=(X\cup Y, ((A, B)\cup(C, D))^{\lhd\rhd})。$$

由于$(OEOL(G, M, I), \leqslant)$ 为完备格且每个元素均是三支面向对象概念。所以，我们称$(OEOL(G, M, I), \leqslant)$ 为三支面向对象概念格，简记为 $OEOL(G, M, I)$。

例 4.3.1(续例 4.2.2)　形式背景(G, M, I) 如表 1－1 所示。若 $X=\{1, 2, 3, 4\}$，$A=\{c, d\}$ 且 $B=\{a, b, e\}$，通过例4.2.3 知，$X^{\rhd}=(A, B)$ 且$(A, B)^{\lhd}=X$。所以，由定义4.3.1 知，(1234，(cd，abe)) 是 OEO-概念。类似地，可以求出此形式背景的所有 OEO-概念。相应的三支面向对象概念格 $OEOL(G, M, I)$ 如图 4－1 所示。

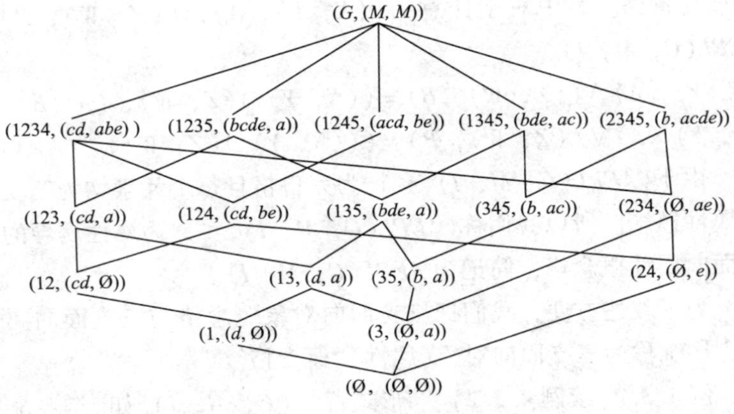

图 4－1　表 1－1 的 $OEOL(G, M, I)$

类似地，我们由 AEP-算子给出三支面向属性概念以及三支面向属性概念格的定义及性质。

定义 4.3.2 设(G, M, I)为形式背景，$X, Y\subseteq G$且$A\subseteq M$。若$A=(X, Y)^{\lhd}$且$A^{\rhd}=(X, Y)$，则称$((X, Y), A)$为属性诱导的三支面向属性概念，记作 AEP-概念。其中，(X, Y)与A分别叫作 AEP-概念$((X, Y), A)$的外延和内涵。

设(G, M, I)为形式背景，记所有 AEP-概念构成的集合为$AEPL(G, M, I)$。定义$AEPL(G, M, I)$上的二元关系$\leqslant$为对于任意的$((X, Y), A), ((Z, W), B)\in AEPL(G, M, I)$，

$$((X, Y), A)\leqslant((Z, W), B)\Leftrightarrow(X, Y)\subseteq(Z, W)\Leftrightarrow A\subseteq B。$$

很容易看到上述$\leqslant$为$AEPL(G, M, I)$上的偏序关系，即满足自反性，反对称性以及传递性。

定理 4.2.1 中的Ⅲ(6) 表明 AEP-算子构成了$\mathcal{DP}(G)$与$\mathcal{P}(M)$间的一对伽略瓦连接。因此，根据伽略瓦连接与完备格之间的关系，我们有以下相关结论。

定理 4.3.2 设(G, M, I)是形式背景，则$(AEPL(G, M, I), \leqslant)$构成完备格。其中对于任意的$((X, Y), A), ((Z, W), B)\in AEPL(G, M, I)$，

$$((X, Y), A)\wedge((Z, W), B)=((X, Y)\cap(Z, W), (A\cap B)^{\rhd\lhd}),$$
$$((X, Y), A)\vee((Z, W), B)=(((X, Y)\cup(Z, W))^{\lhd\rhd}, A\cup B)。$$

由于$(AEPL(G, M, I), \leqslant)$为完备格且每个元素均为三支面向属性概念。所以我们称$(AEPL(G, M, I), \leqslant)$为属性诱导的三支面向属性概念格，简记为$AEPL(G, M, I)$。

为了叙述方便，我们把三支面向对象概念格与三支面向属性概念格统称为三支面向对象(属性) 概念格。

例 4.3.2(续例 4.2.2) 形式背景(G, M, I)如表 1－1 所示。其相应的三支面向属性概念格如图 4－2 所示。

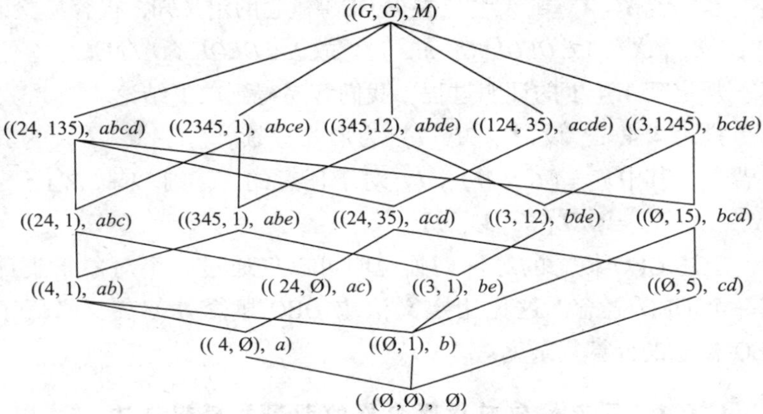

图 4－2　表 1－1 的 $AEPL(G,\ M,\ I)$

4.4　三支面向对象概念格的构造

在上一节中，我们提出了三支面向对象概念格。下面，我们将研究三支面向对象概念格的构造问题。我们将从两个角度研究其构造问题：①寻找三支面向对象概念的等价刻画；②利用面向对象概念格的构造方法构造三支面向对象概念格。

4.4.1　三支面向对象概念的等价刻画

设$(G,\ M,\ I)$为形式背景，根据三支面向对象算子的定义，首先给出 OEO-概念的等价刻画。

定理 4.4.1　设$(G,\ M,\ I)$为形式背景。$(G,\ M,\ I^c)$为其补背景，其中$I^c=(G\times M)\setminus I$。则$X\in OEOL_G(G,\ M,\ I)$当且仅当$X=X^{\Box\Diamond}\cap X^{\overline{\Box}\overline{\Diamond}}$。

证明⇒. 若$X\in OEOL_G(G,\ M,\ I)$，则$(X,\ (X^{\Box},\ X^{\overline{\Box}}))\in OEOL(G,\ M,\ I)$。从而由 OEO-概念的定义知，$X=X^{\Box\Diamond}\cap X^{\overline{\Box}\overline{\Diamond}}$。

$\Leftarrow$. 若 $X = X^{\Box\Diamond} \cap X^{\overline{\Box}\overline{\Diamond}}$，根据 OEO-概念的定义知，很容易验证 $(X,\ (X^{\Box},\ X^{\overline{\Box}})) \in OEOL(G,\ M,\ I)$。故 $X \in OEOL_G(G,\ M,\ I)$。

从定理 4.4.1 的证明过程，我们容易得到以下结论。

推论 4.4.1 设 $(G,\ M,\ I)$ 为形式背景。$(G,\ M,\ I^c)$ 为其补背景，其中 $I^c = (G \times M) \setminus I$。对于任意的 X，则 $(X^{\Box\Diamond} \cap X^{\overline{\Box}\overline{\Diamond}},\ (X^{\Box},\ X^{\overline{\Box}})) \in OEL(G,\ M,\ I)$。

上述 OEO-概念的等价刻画说明可以仅通过一个对象子集计算一个 OEO-概念，这比用定义法求 OEO-概念效率高，降低了 OEO-概念的计算复杂度。

4.4.2 三支面向对象概念格的背景并置构造法

类似于第 3 章中三支概念格的构造，我们同样考虑构造一个形式背景使得其面向对象概念格相应于原背景的三支面向对象概念格，利用面向对象概念格的构造方法构造三支面向对象概念格。

设 $k_1 = (G,\ M,\ I)$ 为形式背景，$k_2 = (G,\ M,\ I^c)$ 为其补背景，其中 $I^c = (G \times M) \setminus I$。在第 3 章中，我们定义了两个新的形式背景 $\tilde{k}_1 = (G,\ M \times \{0\},\ \triangle)$ 与 $\tilde{k}_2 = (G,\ \{0\} \times M,\ \nabla)$，并且给出了 k_i 与 $\tilde{k}_i$ 的关系，$i = 1,\ 2$。另外，在此新的形式背景的基础上，我们构造了 I－型混合形式背景 k_O。在这一小节中，我们记 k_O 相应的面向对象概念格为 $L_o(k_O)$。

类似于定理 3.2.3，通过 k_O 的定义，我们很容易得到 $L_o(k_O)$ 的性质。

定理 4.4.2 设 $k_1 = (G,\ M,\ I)$ 为形式背景，$k_2 = (G,\ M,\ I^c)$ 为其补背景，其中 $I^c = (G \times M) \setminus I$。若 $(X,\ A) \in L_O(k_O)$，记 $A^1 = \{m \mid (m,\ n) \in A\}$ 及 $A^2 = \{n \mid (m,\ n) \in A\}$，则 $A = (A^1 \times \{0\} \cup \{0\} \times A^2) \setminus \{(0,\ 0)\}$。

下面，我们将证明 k_O 恰恰是我们所需要的形式背景，即其面向对象概念格对应于三支面向对象概念格。为了区分不同形式背景中的算子□与◇，我们记形式背景(G, M, I)，(G, M, I^c)与 k_O 中的算子□与◇分别为算子 I□与 I◇，算子 I^c□与 I^c◇及算子～□与～◇。

定理 4.4.3 设 $k_1 = (G, M, I)$ 为形式背景，$k_2 = (G, M, I^c)$ 为其补背景，其中 $I^c = (G \times M) \setminus I$。则 $L_o(k_O)$ 与 $OEOL(G, M, I)$ 同构。

证明 对于任意的$(X, A) \in L_o(k_O)$，定义 $\varphi(X, A) = (X, (A_1, A_2))$，其中 $A_1 = A^1 \setminus \{0\}$ 且 $A_2 = A^2 \setminus \{0\}$。下证 φ 是 $L_O(k_O)$与 $OEOL(G, M, I)$ 之间的同构映射。

首先，我们将证明 $\varphi: L_o(k_O) \to OEOL(G, M, I)$ 是映射，即对于任意的$(X, A) \in L_o(k_O)$，$\varphi(X, A) = (X, (A_1, A_2)) \in OEOL(G, M, I)$。

一方面，我们需要证明 $A_1 = X^{I\Box}$，$A_2 = X^{I^c\Box}$。由定理 4.4.2 知$(A_1 \times \{0\}) \cup (\{0\} \times A_2) = A = X^{\sim\Box}$。若 $m \in A_1$，我们有$(m, 0) \in A$，又 $A = X^{\sim\Box}$，故$(m, 0) \in X^{\sim\Box}$。因此，$(m, 0)^{\sim} \subseteq X$。因为$(m, 0)^{\sim} = m^I$，所以 $m^I \subseteq X$，即 $m \in X^{I\Box}$。因此，$A_1 \subseteq X^{I\Box}$。若 $m \in X^{I\Box}$，则由～的定义知，$m^I \subseteq X$。又$(m, 0)^{\sim} = m^I$，故$(m, 0)^{\sim} \subseteq X$，由～□的定义知，$(m, 0) \in X^{\sim\Box}$。又 $A = X^{\sim\Box}$，故$(m, 0) \in A$。因为$(A_1 \times \{0\}) \cup (\{0\} \times A_2) = A$，所以 $m \in A_1$。因此，$A_1 \supseteq X^{I\Box}$。故 $A_1 = X^{I\Box}$。类似于 $A_1 = X^{I\Box}$的证明，我们有$A_2 = X^{I^c\Box}$。

另一方面，我们需要证明 $X = A_1^{I\Diamond} \cup A_2^{I^c\Diamond}$。据上述证明知，$A_1 = X^{I\Box}$，$A_2 = X^{I^c\Box}$。故我们有 $A_1^{I\Diamond} = X^{I\Box I\Diamond}$，$A_2^{I^c\Diamond} = X^{I^c\Box I^c\Diamond}$。又由算子性质知 $A^{I\Box I\Diamond} \subseteq X$，$A^{I^c\Box I^c\Diamond} \subseteq X$，我们有 $A_1^{I\Diamond} \cup A_2^{I^c\Diamond} \subseteq X$。对于任意的 $u \in X$，因为$(X, A) \in L_o(k_O)$，即 $A = X^{\sim\Box}$且 $A^{\sim\Diamond} = X$，所以 $u^{\sim} \cap A \neq \emptyset$。又因为$(A_1 \times \{0\}) \cup (\{0\} \times A_2) = A$，所以不失一般

性，我们假设 $u^{\sim}\cap(A_1\times\{0\})\neq\emptyset$。故 $u\in(A_1\times\{0\})^{\sim\Diamond}$。因为 $(A_1\times\{0\})^{\sim\Diamond}=A_1^{I\Diamond}$，所以我们有 $u\in A_1^{I\Diamond}$。因此，$X\subseteq A_1^{I\Diamond}\cup A_2^{I^c\Diamond}$。从而 $X=A_1^{I\Diamond}\cup A_2^{I^c\Diamond}$ 易得。

综合上述讨论，我们知 $\varphi: L_o(k_O)\to OEOL(G, M, I)$ 是映射。

其次，我们说明 φ 为双射。

一方面，我们证明 φ 为单射。假设 (X, A)，$(Y, B)\in L_O(k_O)$ 且 $(X, A)\neq(Y, B)$。因为 $L_O(k_O)$ 是面向对象概念格，所以我们有 $X\neq Y$，且 $A\neq B$。因此 $(X, (A_1, A_2))\neq(Y, (B_1, B_2))$，即 $\varphi(X, A)\neq\varphi(Y, B)$。

另一方面，我们证明 φ 为满射。对于任意的 $(X, (A_1, A_2))\in OEOL(G, M, I)$，定义 $A=(A_1\times\{0\})\cup(\{0\}\times A_2)$。我们只需说明 $(X, A)\in L_o(k_O)$ 且 $\varphi(X, A)=(X, (A_1, A_2))$。对于任意的 $(m_1, m_2)\in A$，因为 $A=(A_1\times\{0\})\cup(\{0\}\times A_2)$，所以不失一般性，我们假设 $(m_1, m_2)=(m_1, 0)$。因为 $(X, (A_1, A_2))\in OEOL(G, M, I)$，所以我们知 $X^{I\Box}=A_1$，$X^{I^c\Box}=A_2$ 且 $X=A_1^{I\Diamond}\cup A_2^{I^c\Diamond}$。另外，$(m_1, 0)^{\sim}=m_1^I\subseteq X$，所以 $(m_1, 0)\in X^{\sim\Box}$。因此，$A\subseteq X^{\sim\Box}$。对于任意的 $(m_1, m_2)\in X^{\sim\Box}$，不失一般性，我们假设 $(m_1, m_2)=(m_1, 0)$。因为 $(m_1, 0)^{\sim}\subseteq X$ 且 $(m_1, 0)^{\sim}=m_1^I$，所以我们有 $m_1^I\subseteq X$，即 $m_1\in X^{I\Box}$。故由 $X^{I\Box}=A_1$ 知，$m_1\in A_1$，从而 $(m_1, 0)\in A$。因此，$X^{\sim\Box}\subseteq A$。故，$X^{\sim\Box}=A$。类似地，我们可证明 $A^{\sim\Diamond}=X$。因此，$(X, A)\in L_o(k_O)$。按照 φ 的定义，$\varphi(X, A)=(X, (A_1, A_2))$ 显然成立。

最后，我们说明 φ 及其逆映射 φ^{-1} 都是保序映射。事实上，对于任意的 (X, A)，$(Y, B)\in L_o(k_O)$，$(X, A)\leqslant(Y, B)\Leftrightarrow X\subseteq Y\Leftrightarrow(X, (A_1, A_2))\leqslant(Y, (B_1, B_2))\Leftrightarrow\varphi(X, A)\leqslant\varphi(Y, B)$。

综上所述，$L_o(k_O)$ 与 $OEOL(G, M, I)$ 是同构的。

通过定理4.4.3的证明，我们很容易得到一种三支面向对象概念格的构造方法。

定理4.4.4　设 $k_1=(G, M, I)$ 为形式背景。$k_2=(G, M, I^c)$ 为其补背景，其中 $I^c=(G\times M)\setminus I$。则 $OEOL(G, M, I)=\{(X, (A_1, A_2))\mid (X, A)\in L_o(k_O)\}$，其中 $A_1=A^1\setminus\{0\}$，$A_2=A^2\setminus\{0\}$。

下面，我们利用定理4.4.3构造三支面向对象概念格。

例4.4.1(续例4.2.2)　形式背景 (G, M, I) 如表1-1所示。构造其相应的三支面向对象概念格步骤如下：

第一步：构造Ⅰ-型混合形式背景如表4-1所示。

表4-1　Ⅰ-型混合形式背景 k_O

G	(a, 0)	(b, 0)	(c, 0)	(d, 0)	(e, 0)	(0, a)	(0, b)	(0, c)	(0, d)	(0, e)
1	×		×	×	×		×			
2	×		×				×		×	×
3		×			×	×		×	×	
4	×						×	×	×	×
5	×	×			×			×	×	

第二步：计算上述Ⅰ-型混合形式背景的所有面向对象概念并且面向对象概念格如图4-3所示。

$A=(G, \{(a, 0), (b, 0), (c, 0), (d, 0), (e, 0), (0, a), (0, b), (0, c), (0, d), (0, e)\})$,

$B=(1234, \{(c, 0), (d, 0), (0, a), (0, b), (0, e)\})$,

$C=(1235, \{(b, 0), (c, 0), (d, 0), (e, 0), (0, a)\})$,

$D=(1245, \{(a, 0), (c, 0), (d, 0), (0, b), (0, e)\})$,

$E=(1345, \{(b, 0), (d, 0), (e, 0), (0, a), (0, c)\})$,

$F=(2345, \{(b, 0), (0, a), (0, c), (0, d), (0, e)\})$,

$G=(123, \{(c, 0), (d, 0), (0, a)\})$,

$H=(124, \{(c, 0), (d, 0), (0, b), (0, e)\})$,

$I=(135, \{(b, 0), (d, 0), (e, 0), (0, a)\})$,

$J=(345, \{(b, 0), (0, a), (0, c)\})$,

$K=(234, \{(0, a), (0, e)\})$,

$L=(12, \{(c, 0), (d, 0)\})$,

$M=(13, \{(d, 0), (0, a)\})$,

$N=(35, \{(b, 0), (0, a)\})$,

$O=(24, \{(0, e)\})$,

$P=(1, \{(d, 0)\})$,

$Q=(3, \{(0, a)\})$,

$R=(\varnothing, \varnothing)$。

第三步：利用定理4.4.3计算所有的OEO-概念，并且其相应的三支面向对象概念格如图4－2所示。在此，我们以图4－3中的面向对象概念 B 为例求解相应的三支面向对象概念。记 B 为 (X, Z)，即 $X=\{1, 2, 3, 4\}$，$Z=\{(c, 0), (d, 0), (0, a), (0, b), (0, e)\}$。按照定理4.4.3，$(X, (Z_1, Z_2))$ 是其相应的OEO概念，其中 $Z_1=\{m \mid (m, n) \in Z$ 且 $m \neq 0\}$，$Z_2=\{n \mid (m, n) \in Z$ 且 $n \neq 0\}$。故可得 $Z_1=\{c, d\}$，$Z_2=\{a, b, e\}$。从而面向对象概念 B 的相应的三支面向对象概念为 $(1234, (cd, abe))$。

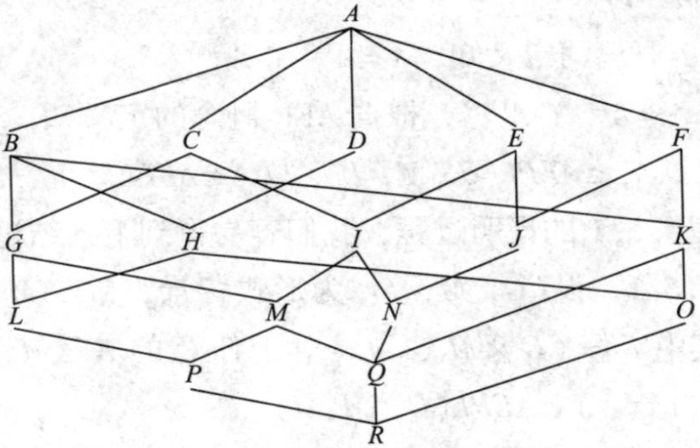

图4-3　表4-1的$L_o(k_O)$

4.5　三支面向属性概念格的构造

类似于第4.4节三支面向对象概念格的构造问题的讨论，本节我们也将从两个角度研究三支面向属性概念格的构造问题：①寻找三支面向属性概念的等价刻画；②利用面向属性概念格的构造方法构造三支面向属性概念格。由于对象集与属性集之间的对偶性，本节省略了部分相关结论的证明。

4.5.1　三支面向属性概念的等价刻画

设(G, M, I)为形式背景，记$AEPL_M(G, M, I)$为所有三支概念的内涵构成的集合。根据三支面向属性算子的定义，我们给出AEP-概念的等价刻画。

定理4.5.1　设(G, M, I)为形式背景，(G, M, I^c)为其补背景，其中$I^c=(G\times M)\setminus I$。则$A\in AEPL_M(G, M, I)$当且仅当$A=A^{\Box\Diamond}\cap A^{\overline{\Box}\overline{\Diamond}}$。

证明　⇒. 若$A\in AEPL_M(G, M, I)$，则$((A^{\Box}, A^{\overline{\Box}}), A)\in$

$AEPL(G, M, I)$。

由 AEP-概念的定义知，$A = A^{\Box\Diamond} \cap A^{\overline{\Box}\,\overline{\Diamond}}$。

$\Leftarrow$. 若 $A = A^{\Box\Diamond} \cap A^{\overline{\Box}\,\overline{\Diamond}}$，根据 AEP-概念的定义知，很容易验证 $((A^{\Box}, A^{\overline{\Box}}), A) \in AEPL(G, M, I)$。故 $A \in AEPL_M(G, M, I)$。

从定理 4.5.1 的证明过程，我们容易得到下列结论。

推论 4.5.1 设 (G, M, I) 为形式背景，(G, M, I^c) 为其补背景，其中 $I^c = (G \times M) \setminus I$。对于任意的 $A \subseteq M$，则 $((A^{\Box}, A^{\overline{\Box}}), A^{\Box\Diamond} \cap A^{\overline{\Box}\,\overline{\Diamond}}) \in AEPL(G, M, I)$。

上述 AEP-概念的等价刻画说明可以仅通过一个集合计算 AEP-概念，这比用定义法求 AEP-概念效率高，降低了 AEP-概念的计算复杂度。

4.5.2 三支面向属性概念格的背景叠置构造法

在形式背景中 G 与 M 的地位是等价的，所以我们可以利用类似的方法构造属性诱导的三支面向属性概念格。本小节相关结论的证明类似可以得到，故我们略去了相关证明。

设 $k_1 = (G, M, I)$ 为形式背景，$k_2 = (G, M, I^c)$ 为其补背景，其中 $I^c = (G \times M) \setminus I$。在第 3 章中，我们定义了另外两个新的形式背景 $\widehat{k_1} = (G \times \{0\}, M, \blacktriangle)$ 与 $\widehat{k_2} = (\{0\} \times G, M, \blacktriangledown)$，并且给出了 k_i 与 $\widehat{k_i}$ 的关系，$i = 1, 2$。此外，在上述两种新的形式背景的基础上，我们构造了Ⅱ－型混合形式背景 k_A。在这一小节中，我们记 k_A 相应的面向属性概念格为 $L_p(k_A)$。

类似于定理 4.4.4，通过 k_A 的定义，我们很容易得到 $L_p(k_A)$ 中概念的性质如下所示。

定理 4.5.2 设 $k_1 = (G, M, I)$ 为形式背景。$k_2 = (G, M, I^c)$ 为其补背景，其中 $I^c = (G \times M) \setminus I$。若 $(X, A) \in L_p(k_A)$，$X^1 = \{x \mid (x, y) \in X\}$ 且 $X^2 = \{y \mid (x, y) \in X\}$。则 $X = ((X^1 \times$

$\{0\})\cup(\{0\}\times X^2))\setminus\{(0,0)\}$。

下面，我们将证明 k_A 恰恰是我们所需要的形式背景，即其面向属性概念格对应于属性诱导的三支面向属性概念格。

定理 4.5.3　设 $k_1=(G, M, I)$ 为形式背景，$k_2=(G, M, I^c)$ 为其补背景，其中 $I^c=(G\times M)\setminus I$。则 $L_p(k_A)$ 与 $AEPL(G, M, I)$ 是同构的。

对于任意的 $(X, A)\in L_p(k_O)$，定义 $\varphi(X, A)=((X_1, X_2), A)$，其中 $X_1=X^1\setminus\{0\}$，$X_2=X^2\setminus\{0\}$。类似于定理 4.4.3 的证明过程，我们很容易证明 φ 是 $L_p(k_O)$ 与 $AEPL(G, M, I)$ 之间的同构映射。因此，我们也很容易得到三支面向属性概念格的一种构造方法如下定理所示。

定理 4.5.4　设 $k_1=(G, M, I)$ 为形式背景，$k_2=(G, M, I^c)$ 为其补背景，其中 $I^c=(G\times M)\setminus I$。则 $AEPL(G, M, I)=\{((X_1, X_2), A)\mid(X, A)\in L_p(k_A)\}$，其中 $X_1=X^1\setminus\{0\}$，$X_2=X^2\setminus\{0\}$。

4.6　小结

本章首先提出了三支面向对象(属性)概念格，即三支面向对象概念格与三支面向属性概念格。具体内容包括，引入局部完全共有与局部完全不共有的定义，给出了三支面向对象(属性)算子的定义。研究了三支面向对象(属性)算子的性质，在此基础上给出了三支面向对象(属性)概念的定义。证明了所有三支面向对象(属性)概念构成的集合在某种偏序关系下构成了完备格，进而给出了三支面向对象(属性)概念格的定义及性质。

另外，我们还研究了三支面向对象(属性)概念格的构造问题。具体的是，讨论了第 3 章中新构造的Ⅰ-型混合形式背景所对应的面向对象概念格与三支面向对象概念格的关系，及Ⅱ-型混合形式背景所对应的面向属性概念格与三支面向属性概念格的关系。从而给出了三支面向对象概念格的构造方法以及三支面向属性概念格的构造方法。

第 5 章　L-模糊三支概念格及其不确定性分析

本章主要讨论将经典三支概念分析拓展至模糊情形，利用模糊逻辑内在算子，研究一种基于剩余格的 L-模糊三支概念分析理论。

5.1　引言

为了对概率粗糙集和决策粗糙集的三个域提供一个合理的语义解释，姚一豫教授提出了三支决策的概念。与粗糙集理论与形式概念分析理论不同的是，它是一种更一般的，更有效的决策和信息处理模式。与我们通常熟悉的二支决策相比，三支决策提供了一种不同于接受与拒绝的第三种选择：不承诺。它是一种基三思维、因三而制的思维方式与策略。

形式概念分析是德国数学家 Wille 于 1982 年为构建格理论应用语义而提出的一种数据分析理论。该理论最为根本的贡献和核心在于对概念的数学化和形式化的描述，以及以此为基础形成的格结构。近年来，形式概念分析无论是在理论分析层面还是应用探讨方面都取得了长足的进展，已具有一套独特的方法与体系，形成了一个颇有影响力的研究方向。

形式概念分析理论从一个形式背景出发，利用集合论的语言描述和建造概念，由此生成的概念我们称之为经典概念，这种概念用完全形式化的方式反映了概念的哲学语义，即内涵与外延的统一，完美地通过数学形式展现出抽象的哲学概念。然而，虽然在形式概念分析中，内涵与外延是相互统一、相互决定的，但是除此之外的另外一种信息没有反映出来，即对象集所公共不具有的属性。若我们同时考虑对象集共同具有和共同不具有的属性。则可将属性全集分为3部分，这种分解方式与三支决策的三分策略是一致的。

基于如上考虑，文献提出了三支概念分析这一新的研究领域，给出了一种新的形式概念及其格结构。文献进一步研究了三支概念与经典概念之间的关系，文献研究了基于不完备形式背景中的三支概念获取理论，文献研究了经典概念格与三支概念格的构造及知识获取理论，文献研究了三支概念分析的属性约简，文献给出了决策形式背景在属性导出三支概念格下的规则提取方法，等等。

然而，值得注意的是，已有的三支概念分析仅局限于经典形式背景展开的，本章旨在将经典三支概念分析拓展至模糊情形，利用模糊逻辑内在算子，给出一种基于剩余格的L-模糊三支概念分析理论。该理论可看作已有的经典概念分析与L-模糊概念格理论的融合，通过将该理论与可能性理论作融合分析，我们发现L-模糊三支概念算子可通过可能性理论中的集合映射予以解释，并基于可能性理论得到另外三种不同形式的L-模糊三支概念。最后，我们给出基于L-模糊三支概念分析的模糊推理方法，从而实现了模糊逻辑、三支决策与形式概念分析的有机融合。

5.2　L-模糊三支概念分析

5.2.1　L-模糊伽罗瓦连接

定义 5.2.1　称七元组$(L, \wedge, \vee, \otimes, \rightarrow, 0, 1)$为一个剩余格，如果满足如下条件：

(1) $(L, \wedge, \vee, 0, 1)$是一个完备格，最小元为0和最大元为1；

(2) $(L, \otimes, 1)$是一个交换半群；

(3) $(\otimes, \rightarrow)$是L的一个伴随对，即，$a\otimes b\leqslant c\Leftrightarrow a\leqslant b\rightarrow c$，$a, b, c\in L$。

剩余格$(L, \wedge, \vee, \otimes, \rightarrow, 0, 1)$中的否定算子$\neg$定义为：$\neg a = a\rightarrow 0$，$a\in L$。如果$\forall a\in L$，$a=\neg\neg a$，称剩余格$(L, \wedge, \vee, \otimes, \rightarrow, 0, 1)$是对合的。

性质 5.2.1　剩余格满足如下性质：a，$a_i(i\in I)$，b，$c\in L$。

(1) $a\rightarrow b = 1\Leftrightarrow a\leqslant b$；

(2) $1\rightarrow a = a$；

(3) $a\leqslant b\rightarrow c\Leftrightarrow b\leqslant a\rightarrow c$；

(4) $a\otimes(\vee_{i\in I}a_i)=\vee_{i\in I}(a\otimes a_i)$，$a\otimes(\wedge_{i\in I}a_i)\leqslant\wedge_{i\in I}(a\otimes a_i)$；

(5) $(\vee_{i\in I}a_i)\rightarrow a=\wedge_{i\in I}(a_i\rightarrow a)$；

(6) $a\rightarrow(\wedge_{i\in I}a_i)=\wedge_{i\in I}(a\rightarrow a_i)$；

(7) $a\rightarrow(b\rightarrow c)=b\rightarrow(a\rightarrow c)$；

(8) $\rightarrow$关于第一变元单调递减和第二变元是单调递增的；

(9) $\otimes$关于两个变元是单调递增的；

(10) $a\otimes b\leqslant a$，$a\otimes b\leqslant b$；

（11）$a \to b \leqslant \neg b \to \neg a$；

（12）$a \to \neg b = b \to \neg a$；

（13）$a \otimes b \to c = a \to (b \to c)$。

设$(L, \wedge, \vee, \otimes, \to, 0, 1)$是一个剩余格，论域 G 上的 L-模糊集实际上是映射 $X: G \to L$，G 上的全部模糊集记作 L^G。称 $X(x)$ 元素 x 在 X 上的隶属度，也被理解为 x 属于 X 的真值程度。类似地，G 和 M 之间的 L-模糊关系记为 $I: G \times M \to L$，G 和 M 之间的 L-模糊关系的全体记为：$L^{G \times M}$。

对于任意的 $X_1, X_2 \in L^G$，它们之间的包含度定义为：

$$S(X_1, X_2) = \wedge_{x \in G}(X_1(x) \to X_2(x)) \quad (5-1)$$

这种包含度实际上指 X_1 中的每一个元素属于 X_2 的真值程度。

定义 5.2.2 设↑，↓分别是 G 和 M 的 L-幂集映射，即映射 $\uparrow: L^G \to L^M$，$\downarrow: L^M \to L^G$，若对于任意的 $X_1, X_2, X \in L^G$，$B_1, B_2, B \in L^M$，

（1）$S(X_1, X_2) \leqslant S(X_2^{\uparrow}, X_1^{\uparrow})$；

（2）$S(B_1, B_2) \leqslant S(B_2^{\downarrow}, B_1^{\downarrow})$；

（3）$X \subseteq X^{\uparrow\downarrow}$；

（4）$B \subseteq B^{\downarrow\uparrow}$。

则称↑和↓是一对模糊伽罗瓦连接。

定理 5.2.1 设 $\uparrow: L^G \to L^M$，$\downarrow: L^M \to L^G$ 是 G 和 M 之间的一对 L-模糊伽罗瓦连接当且仅当

$$S(X, B^{\downarrow}) = S(B, X^{\uparrow})。$$

对于给定的关系 I，一对算子$(\uparrow_I \downarrow_I)$（$\uparrow_I$: $L^G \to L^M$，$\downarrow_I$: $L^M \to L^G$）定义为：

$$X^{\uparrow I}(y) = \bigwedge_{x \in G}(X(x) \to I(x, y)),\ X \in L^G,\ y \in M,$$

$$Y^{\downarrow I}(x) = \bigwedge_{y \in M}(Y(y) \to I(x, y)),\ Y \in L^M,\ x \in G。$$

定理 5.2.2 设$(\uparrow_I, \downarrow_I)$ 按如上方式定义，则有

(1) $S(X, Y^{\downarrow_I}) = S(Y, X^{\uparrow_I})$，

(2) $(\vee_{i\in I}X_i)^{\uparrow_I} = \wedge_{i\in I}X_i^{\uparrow_I}$，$(\vee_{i\in I}Y_i)^{\downarrow_I} = \wedge_{i\in I}Y_i^{\downarrow_I}$。

任取(Y_1^+, Y_1^-)，$(Y_2^+, Y_2^-) \in L^M \times L^M$，不妨称这样的序对模糊集为双极 L-模糊集。定义它们之间的包含度

$$S^*((Y_1^+, Y_1^-), (Y_2^+, Y_2^-)) =$$

$$\bigwedge_{y\in M}(Y_1^+(y) \to Y_2^+(y)) \wedge \bigwedge_{y\in M}(Y_1^-(y) \to Y_2^-(y))。$$

容易证明对于(Y_1^+, Y_1^-)，$(Y_2^+, Y_2^-) \in L^M \times L^M$，$S^*((Y_1^+, Y_1^-), (Y_2^+, Y_2^-)) = S(Y_1^+, Y_2^+) \wedge S(Y_1^-, Y_2^-)$。

定理 5.2.3 设↑，↓是 G 和 M 之间的一对 L-模糊伽罗瓦连接，则存在一个 L-模糊关系 $I \in L^{G\times M}$，使得由这种模糊关系所诱导的映射$\uparrow_I$和$\downarrow_I$满足$(\uparrow, \downarrow) = (\uparrow_I, \downarrow_I)$。

5.2.2 L-模糊三支概念分析的定义和等价刻画

在本节中，我们将模糊逻辑引入到三支概念分析中，由此形成 L-模糊三支概念。以下介绍 L-模糊三支概念的基本定义及其性质，所得结论表明在一定的偏序关系下全体 L-模糊三支概念可以形成一个完备格。

定义 5.2.3 设$(\uparrow_T, \downarrow_T)$ 是 L^G 和 $L^M \times L^M$ 之间的一对算子，其中$\uparrow_T$: $L^G \to L^M \times L^M$，$\downarrow_T$: $L^M \times L^M \to L^G$，$\forall X \in L^G$，$(Y^+, Y^-) \in L^M \times L^M$，$x \in G$，$y \in M$，

$$X^{\uparrow_T}(y) = (Z^+(y), Z^-(y)), (Y^+, Y^-)^{\downarrow_T}(x) =$$

$$\wedge_{y\in M}(Y^+(y) \to I(x, y)) \wedge \wedge_{y\in M}(Y^-(y) \to \neg I(x, y)) \tag{5-2}$$

其中，$Z^+(y) = \wedge_{x\in G}(X(x) \to I(x, y))$，$Z^-(y) = \wedge_{x\in G}(X(x) \to \neg I(x, y))$，$(Z^+, Z^-) \in L^M \times L^M$，称此算子$(\uparrow_T, \downarrow_T)$ 为对象诱导的 L-模糊三支算子。

很容易证明对于每一个 $X \in L^G$，有 $X^{\uparrow_T} = (X^{\uparrow_I}, X^{\uparrow_{\neg I}})$，其中，$\uparrow_T$ 同时考虑由 $\uparrow_I$ 和 $\uparrow_{\neg I}$ 得到。

设 $L = \{0, 1\}$，很容易证明 $Y^+ = \{y \in M \mid \forall x \in X, (x, y) \in I\}$，$Y^- = \{y \in M \mid \forall x \in X, (x, y) \in I^c\}$。类似地，我们得到 $(Y^+, Y^-)^{\downarrow_T} = \{x \in G \mid \forall y_1 \in Y^+, (x, y_1) \in I, \forall y_2 \in Y^-, (x, y_2) \in I^c\}$。显然，$(\uparrow_T \downarrow_T) = (*_T, *_T)$。由此可知，由对象诱导的 L-模糊三支概念分析是对象诱导的三支概念分析的推广。

容易证明$(\uparrow_T, \downarrow_T)$ 形成一对 L-模糊伽罗瓦连接。这由如下定理看出。

定理 5.2.4 设$(\uparrow_T, \downarrow_T)$ 由公式(5－2) 所确定的一对算子，对于任意的 $X \in L^G$，$(Y^+, Y^-) \in L^M \times L^M$，则有

$$S(X, (Y^+, Y^-)^{\downarrow_T}) = S^*((Y^+, Y^-), X^{\uparrow_T}) \quad (5-3)$$

证明 由公式(5－1)，我们可以得到

$$S(X, (Y^+, Y^-)^{\downarrow_T}) = \bigwedge_{x \in G}(X(x) \to (Y^+, Y^-)^{\downarrow_T}(x))$$

$$= \bigwedge_{x \in G}(X(x) \to \bigwedge_{y \in M}((Y^+(y) \to I(x, y)) \wedge (Y^-(y) \to \neg I(x, y))))$$

$$= \bigwedge_{x \in G}(X(x) \to \bigwedge_{y \in M}(Y^+(y) \to I(x, y)) \wedge \bigwedge_{y \in M}(Y^-(y) \to \neg I(x, y)))$$

$$= \bigwedge_{x \in G}((X(x) \to \bigwedge_{y \in M}(Y^+(y) \to I(x, y))) \wedge (X(x) \to \bigwedge_{y \in M}(Y^-(y) \to \neg I(x, y)))$$

$$= \bigwedge_{x \in G}((X(x) \to (Y^+)^{\downarrow_I}(x)) \wedge (X(x) \to (Y^-)^{\downarrow_{\neg I}}(x)))$$

$$= \bigwedge_{x \in G}(X(x) \to (Y^+)^{\downarrow_I}(x)) \wedge \bigwedge_{x \in G}(X(x) \to (Y^-)^{\downarrow_{\neg I}}(x))$$

$$= S(X, (Y^+)^{\downarrow_I}) \wedge S(X, (Y^-)^{\downarrow_{\neg I}})$$

$$= S(Y^+, X^{\uparrow_I}) \wedge S(Y^-, X^{\uparrow_{\neg I}})$$

$$= S^*((Y^+, Y^-), (X^{\uparrow_I}, X^{\uparrow_{\neg I}}))$$

$$= S^*((Y^+, Y^-), X^{\uparrow_T})。$$

由此可知，定理 5.2.4 结论成立。

对于任意的一对 L-模糊伽罗瓦连接$(\uparrow, \downarrow)$，总存在一个 L-模糊关系 I，使得$(\uparrow, \downarrow)=(\uparrow_I, \downarrow_I)$，但定理 5.2.4 的逆命题不一定成立。也就是说，对于任意的一对满足式(5－3)的 L-模糊伽罗瓦连接$(\uparrow_T, \downarrow_T)$不一定满足式(5－2)。事实上，对于任意两个 L-模糊关系 I_1 和 I_2，定义两映射$\uparrow_T: L^G \to L^M \times L^M$ 和 $\downarrow_T: L^M \times L^M \to L^G$满足 $X^{\uparrow_T}=(X^{\uparrow_{I_1}}, X^{\uparrow_{I_2}})$ 和$(Y^+, Y^-)^{\downarrow_T}(x)=\bigwedge_{y\in M}(Y^+(y)\to I_1(x, y))\wedge\bigwedge_{y\in M}(Y^-(y)\to I_2(x, y))$，显然$(\uparrow_T, \downarrow_T)$容易验证满足式(5－3)。

由对象诱导的三支算子$(\uparrow_T, \downarrow_T)$满足如下性质。

性质 5.2.2　对于任意的 $X, X_1, X_2\in L^G$，(Y^+, Y^-)，(Y_1^+, Y_1^-)，$(Y_2^+, Y_2^-)\in L^M\times L^M$，

(1) 若 $X_1\subseteq X_2$，则 $X_2^{\uparrow_T}\subseteq X_1^{\uparrow_T}$，

(2) 若$(Y_1^+, Y_1^-)\subseteq(Y_2^+, Y_2^-)$，则$(Y_2^+, Y_2^-)^{\downarrow_T}\subseteq(Y_1^+, Y_1^-)^{\downarrow_T}$，

(3) $X\subseteq X^{\uparrow_T\downarrow_T}$，

(4) $X^{\uparrow_T}=X^{\uparrow_T\downarrow_T\uparrow_T}$，$(Y^+, Y^-)^{\downarrow_T}=(Y^+, Y^-)^{\downarrow_T\uparrow_T\downarrow_T}$，

(5) $(Y^+, Y^-)\subseteq(Y^+, Y^-)^{\downarrow_T\uparrow_T}$，

(6) $(\bigvee_{i\in I}X_i)^{\uparrow_T}=\bigwedge_{i\in I}X_i^{\uparrow_T}$，

(7) $(\bigvee_{i\in I}(Y_i^+, Y_i^-))^{\downarrow_T}=\bigwedge_{i\in I}(Y_i^+, Y_i^-)^{\downarrow_T}$，

(8) $(X^{\uparrow_T\downarrow_T}, X^{\uparrow_T})$ 是一个由对象所诱导的 L-模糊三支概念。

我们用 L_o^3 表示$(\uparrow_T, \downarrow_T)$所产生的不动点，即

$$L_o^3=\{(X, (Y^+, Y^-))\mid X^{\uparrow_T}=(Y^+, Y^-), (Y^+, Y^-)^{\downarrow_T}=X\}。$$

对于任意的$(X, (Y^+, Y^-))\in L_o^3$，由于对于对象上的一 L-模糊集有一对属性集上的 L-模糊集与之对应，我们称$(X, (Y^+, Y^-))$为由对象诱导的 L-模糊三支概念。L_o^3 上的二元关系“$\leqslant_o$”定义如下：

$(X_1, (Y_1^+, Y_1^-)) \leqslant_o (X_2, (Y_2^+, Y_2^-)) \Leftrightarrow X_1 \subseteq X_2 \Leftrightarrow (Y_2^+, Y_2^-) \subseteq (Y_1^+, Y_1^-)$。容易证明$\leqslant_o$满足自反性、反对称性和传递性。所以，$\leqslant_o$是$L_o^3$上的一个偏序关系。下面的定理说明$L_o^3$在这种偏序关系下"$\leqslant_o$"形成一个完备格。

定理 5.2.5 $(L_o^3, \leqslant_o)$ 形成一个完备格，即 $\{(X_i, (Y_i^+, Y_i^-))\}_{i \in I} \subseteq L_o^3$，

$$\bigvee\{(X_i, (Y_i^+, Y_i^-))\}_{i \in I} = ((\bigvee_{i \in I} X_i)^{\uparrow_T \downarrow_T}, \bigwedge_{i \in I}(Y_i^+, Y_i^-)),$$

$$\bigwedge\{(X_i, (Y_i^+, Y_i^-))\}_{i \in I} = (\bigwedge_{i \in I} X_i, (\bigvee_{i \in I} (Y_i^+, Y_i^-))^{\downarrow_T \uparrow_T})。$$

证明 由性质 5.2.2 知：

$(\vee_{i \in I} X_i)^{\uparrow_T \downarrow_T} = (\wedge_{i \in I} X_i^{\uparrow_T})^{\downarrow_T} = (\wedge_{i \in I}(Y_i^+, Y_i^-))^{\downarrow_T}$且$(\vee_{i \in I} X_i)^{\uparrow_T \downarrow_T \uparrow_T} = (\vee_{i \in I} X_i)^{\uparrow_T} = \wedge_{i \in I}(Y_i^+, Y_i^-)$，显然$((\vee_{i \in I} X_i)^{\uparrow_T \downarrow_T}, \wedge_{i \in I}(Y_i^+, Y_i^-))$ 是一 L-模糊三支概念。类似地，可以说明 $(\wedge_{i \in I} X_i, (\vee_{i \in I}(Y_i^+, Y_i^-))^{\downarrow_T \uparrow_T})$ 也是一个 L-模糊三支概念。由于$\leqslant_o$是L_o^3上的偏序关系，$\forall i \in I$，$(X_i, (Y_i^+, Y_i^-)) \leqslant_o ((\vee_{i \in I} X_{\mathrm{i}})^{\uparrow_T \downarrow_T}, \wedge_{i \in I}(Y_i^+, Y_i^-))$，则$((\vee_{i \in I} X_i)^{\uparrow_T \downarrow_T}, \wedge_{i \in I}(Y_i^+, Y_i^-))$ 是 $\{(X_i, (Y_i^+, Y_i^-)) \mid i \in I\}$的上界，下面只需说明它是最小的上界。对于任意的$(C, (D^+, D^-)) \in L_o^3$满足$(X_i, (Y_i^+, Y_{\mathrm{i}}^-)) \leqslant_o (C, (D^+, D^-))$，$i \in I$，则由$\leqslant_o$的定义知$\forall i$，$X_i \subseteq C$，从而$\vee_{i \in I} X_i \subseteq X$，进而有$(\vee_{i \in I} X_i)^{\uparrow_T \downarrow_T} \leqslant C^{\uparrow_T \downarrow_T} = C$，故$((\vee_{i \in I} X_i)^{\uparrow_T \downarrow_T}, \wedge_{i \in I}(Y_i^+, Y_i^-)) \leqslant_o (C, (D^+, D^-))$，因此$((\vee_{i \in I} X_i)^{\uparrow_T \downarrow_T}, \wedge_{i \in I}(Y_i^+, Y_i^-))$ 是最小的上界，即$((\vee_{i \in I} X_i)^{\uparrow_T \downarrow_T}, \wedge_{i \in I}(Y_i^+, Y_i^-))$ 是 $\{(X_{\mathrm{i}}, (Y_{\mathrm{i}}^+, Y_i^-)) \mid i \in I\}$的上确界。类似地，可以证明$(\wedge_{i \in I} X_i, (\vee_{i \in I}(Y_i^+, Y_i^-))^{\downarrow_T \uparrow_T})$ 是 $\{(X_i, (Y_i^+, Y_i^-)) \mid i \in I\}$ 的下确界。综上，$(L_o^3, \leqslant_o)$ 形成一个完备格。

例 5.2.1 设 $L = [0, 1]$ 且(G, M, I) 是一模糊形式背景，

其中 $G=\{o_1, o_2, o_3\}$，$M=\{a, b, c, d\}$，二元关系 I 如表 5.1 所示。→是 R_0 蕴含算子，具体定义为：

$$x\to y=\begin{cases}1, & x\leqslant y,\\ (1-x)\vee y, & x>y.\end{cases}\quad x, y\in[0, 1]$$

表 5-1　模糊形式背景(G, M, I)

	a	b	c	d
o_1	1.0	0.3	0.7	0.1
o_2	0.5	0.0	0.4	0.2
o_3	0.7	0.1	0.2	0.2

假设 $X=\frac{0.1}{o_1}+\frac{0.1}{o_2}+\frac{0.1}{o_3}$，由定义 5.2.3 可计算得到 $X^{\uparrow_T}=(\frac{1.0}{a}+\frac{0.9}{b}+\frac{1.0}{c}+\frac{1.0}{d}, \frac{0.9}{a}+\frac{1.0}{b}+\frac{1.0}{c}+\frac{1.0}{d})$。类似地，设 $(Y^+, Y^-)=(\frac{1.0}{a}+\frac{0.9}{b}+\frac{1.0}{c}+\frac{1.0}{d}, \frac{0.9}{a}+\frac{1.0}{b}+\frac{1.0}{c}+\frac{1.0}{d})$，由定义 5.2.3 可以计算得到 $(Y^+, Y^-)^{\downarrow_T}=\frac{0.1}{o_1}+\frac{0.1}{o_2}+\frac{0.1}{o_3}$，则有 $X^{\uparrow_T}=(Y^+, Y^-)$ 且 $(Y^+, Y^-)^{\downarrow_T}=X$，所以 $(X, (Y^+, Y^-))$ 是由对象诱导的 L-模糊三支概念。

同理，我们可以得到 $(\frac{0.8}{o_1}+\frac{0.7}{o_2}+\frac{0.6}{o_3}, (\frac{0.5}{a}+\frac{0.3}{b}+\frac{0.4}{c}+\frac{0.2}{d}, \frac{0.2}{a}+\frac{0.7}{b}+\frac{0.3}{c}+\frac{1.0}{d}))$ 是由对象诱导的 L-模糊三支概念。

用类似的方法我们可以定义由属性诱导的 L-模糊三支概念，下面我们主要研究属性诱导的 L-模糊三支概念的定义和相关的性质。

定义 5.2.4　设$(\uparrow_T, \downarrow_T)$ 是 $L^G\times L^G$ 和 L^M 之间的一对算子

(其中$\uparrow_T$：$L^G \times L^G \to L^M$，$\downarrow_T$：$L^M \to L^G \times L^G$)，具体定义为$\forall Y \in L^M$，$(X^+, X^-) \in L^G \times L^G$，

$Y^{\downarrow_T} = (Z^+, Z^-)$，$(X^+, X^-)^{\uparrow_T}(y) = \bigwedge\limits_{X \in G}(X^+(x) \to I(x, y)) \wedge \bigwedge\limits_{X \in G}(X^-(x) \to \neg I(x, y))$，

其中$Z^+(x) = \wedge_{y \in M}(Y(y) \to I(x, y))$，$Z^-(x) = \wedge_{y \in M}(Y(y) \to \neg I(x, y))$，$x \in G$，$(Z^+, Z^-) \in L^G \times L^G$。

容易证明$(\uparrow_T, \downarrow_T)$是一$L$-模糊伽罗瓦连接。

类似地，$L = \{0, 1\}$，由属性诱导的L-模糊三支概念分析是属性诱导的三支概念分析的推广。

定理 5.2.6 设$(\uparrow_T, \downarrow_T)$是定义 5.2.4 给定的一对算子，对于任意的$(X^+, X^-) \in L^G \times L^G$和$Y \in L^M$，则有$S^*((X^+, X^-), Y^{\downarrow_T}) = S(Y, (X^+, X^-)^{\uparrow_T})$。

由属性诱导的三支算子$(\uparrow_T, \downarrow_T)$满足如下性质。

性质 5.2.3 对于任意的(X^+, X^-)，(X_1^+, X_1^-)，$(X_2^+, X_2^-) \in L^G \times L^G$，$Y$，$Y_1$，$Y_2 \in L^M$，

(1) 若$(X_1^+, X_1^-) \subseteq (X_2^+, X_2^-)$，则$(X_2^+, X_2^-)^{\uparrow_T} \subseteq (X_1^+, X_1^-)^{\uparrow_T}$，

(2) 若$Y_1 \subseteq Y_2$，则$Y_2^{\downarrow_T} \subseteq Y_1^{\downarrow_T}$，

(3) $(X^+, X^-) \subseteq (X^+, X^-)^{\uparrow_T \downarrow_T}$，

(4) $(X^+, X^-)^{\uparrow_T} = X^{\uparrow_T \downarrow_T \uparrow_T}$，$Y^{\downarrow_T} = Y^{\downarrow_T \uparrow_T \downarrow_T}$，

(5) $Y \subseteq Y^{\downarrow_T \uparrow_T}$，

(6) $(\vee_{i \in I}(X_i^+, X_i^-))^{\uparrow_T} = \wedge_{i \in I}(X_i^+, X_i^-)^{\uparrow_T}$，

(7) $(\vee_{i \in I} Y_i)^{\downarrow_T} = \wedge_{i \in I} Y_i^{\downarrow_T}$。

我们用$L_a{}^3$记定义 5.2.4 中算子$(\uparrow_T, \downarrow_T)$所确定的不动点，记

$L_a^3 = \{((X^+, X^-), Y) \mid (X^+, X^-)^{\uparrow_T} = Y, Y^{\downarrow_T} = (X^+, X^-)\}$。

对于任意的$((X^+, X^-), Y) \in L_a^3$，由于在$G$(对象集)上的每一对$L$-模糊集$(X^+, X^-)$都能找到$M$(属性集)的$Y$与之对应，因此称$((X^+, X^-), Y)$为由属性诱导的$L$-模糊三支概念。

设"$\leqslant_a$"是L_a^3的二元关系，具体定义为：$((X_1^+, X_1^-), Y_1) \leqslant a((X_2^+, X_2^-), Y_2) \Leftrightarrow (X_1^+, X_1^-) \subseteq (X_2^+, X_2^-) \Leftrightarrow Y_2 \subseteq Y_1$。

定理 5.2.7　$(L_a^3, \leqslant_a)$形成一个完备格，对于任意的$\{((X_i^+, X_i^-), Y_i)\}_{i\in I} \subseteq L_a^3$，

$$\bigvee \{((X_i^+, X_i^-), Y_i)\}_{i\in I} = ((\bigvee_{i\in I}(X_i^+, X_i^-))^{\uparrow_T\downarrow_T}, \bigwedge_{i\in I} Y_i),$$

$$\bigwedge \{((X_i^+, X_i^-), Y_i)\}_{i\in I} = (\bigwedge_{i\in I}(X_i^+, X_i^-), (\bigvee_{i\in I} Y_i)^{\downarrow_T\uparrow_T})。$$

证明　略(类似于定理 5.2.5)。

例 5.2.2　设$L = [0, 1]$和(G, M, I)是一个L-模糊形式背景$G = \{o_1, o_2, o_3\}$，$M = \{a, b, c, d\}$，二元关系I如表 5.1 所示，→是R_0蕴含算子。具体定义为：

$$x \to y = \begin{cases} 1, & x \leqslant y \\ (1-x) \vee y, & x > y \end{cases} \quad x, y \in [0, 1]$$

设$(X^+, X^-) = (\frac{0.1}{o_1} + \frac{0.1}{o_2} + \frac{0.1}{o_3}, \frac{0.0}{o_1} + \frac{0.5}{o_2} + \frac{0.3}{o_3})$，由定义 5.2.4 知$(X^+, X^-)^{\uparrow_T} = \frac{1.0}{a} + \frac{0.9}{b} + \frac{1.0}{c} + \frac{1.0}{d}$，类似地，设$Y = \frac{1.0}{a} + \frac{0.9}{b} + \frac{1.0}{c} + \frac{1.0}{d}$，由定义 5.2.4 知$Y^{\downarrow_T} = (\frac{0.1}{o_1} + \frac{0.1}{o_2} + \frac{0.1}{o_3}, \frac{0.0}{o_1} + \frac{0.5}{o_2} + \frac{0.3}{o_3})$，所以，$(X^+, X^-)^{\uparrow_T} = Y$且$Y^{\downarrow_T} = (X^+, X^-)$，所以$((X^+, X^-), Y)$是一属性诱导的$L$-模糊三支概念。

又设，$Y = \frac{0.5}{a} + \frac{0.2}{b} + \frac{0.3}{c} + \frac{0.1}{d}$，由定义 5.2.4 得$Y^{\downarrow_T} = (\frac{1.0}{o_1} + \frac{0.8}{o_2} + \frac{0.7}{o_3}, \frac{0.5}{o_1} + \frac{1.0}{o_2} + \frac{0.5}{o_3})$。设$(X^+, X^-) = (\frac{1.0}{o_1} + \frac{0.8}{o_2}$

$+\frac{0.7}{o_3}$，$\frac{0.5}{o_1}+\frac{1.0}{o_2}+\frac{0.5}{o_3}$)，由定义 5.2.4 知$(X^+, X^-)^{\uparrow_T}=\frac{0.5}{a}+\frac{0.2}{b}+\frac{0.3}{c}+\frac{0.1}{d}$，所以，$(X^+, X^-)^{\uparrow_T}=Y$ 且 $Y^{\downarrow_T}=(X^+, X^-)$，所以$((X^+, X^-), Y)$ 是一属性诱导的 L-模糊三支概念。

5.3 从可能性理论来看 L-模糊三支概念格

在这一节中，我们首先对可能性理论做出一个概括性的介绍，进而指出 L-模糊三支概念中的基本算子可通过可能性理论中的某一集合函数来解释。此外，利用可能性理论可导出另外三种其他形式的 L-模糊三支概念算子。

在可能性理论中，定义在论域 G 上的可能性分布 π 被认为 G 上模糊集 E 的隶属函数，用以表示论域 G 中的现有信息。基于 π，可定义如下四个函数：

（1）可能性度量 Π：

$\Pi(A)=\max_{x\in A}\pi(x)$，$A\subseteq G.$

$\Pi(A)$ 衡量了 A 与由 π 所表示信息的相容程度，在布尔情形中，π 是一个经典映射(映射值只有两个点 0，1 的映射，此时有 $E=\pi^{-1}(1)$)，由此可以得到 $\Pi(A)=1$ 当且仅当 $A\cap E\neq\varnothing$(或者 $\Pi(A)=0$ 当且仅当 $A\cap E=\varnothing$)。

（2）必要性度量 N：

当对立事件越发不可能时，表明这个事件具有更多的真实性(确定性)，因此 N 反映了“事实必要性”。

$N(A)=1-\Pi(A^c)=1-\max_{x\notin A}\pi(x)$。

$N(A)$ 衡量的是由 π 所表示的信息 E 蕴含事件 A 的程度。在布尔情形，$N(A)=1$ 当且仅当 $\varnothing\neq E\subseteq A$($N(A)=0$ 当且仅当 $\varnothing\neq E=A$)。

(3) 事实可能性的度量:

$\triangle(A)=\min_{x\in A}\pi(x)$,

$\triangle(A)$ 衡量的是 A 中所有元素可能的程度。在布尔情形, $E\neq G$, $\triangle(A)=1$ 当且仅当 $A\subset E$(或者 $E\neq G$, $\triangle(A)=0$ 当且仅当 $A\not\subset E$)。

(4) 潜在必要性度量:

$\nabla(A)=1-\triangle(A^c)=1-\min_{x\notin A}\pi(x)$,

$\nabla(A)$ 衡量的是存在 A 的补集中元素具有零可能性的程度, 在布尔情形, $E\neq G$, $\nabla(A)=1$ 当且仅当 $A\cup E\neq G$(或者 $E\neq G$, $\nabla(A)=0$ 当且仅当 $A\cup E=G$)。

这四个集合函数在形式概念分析中具有一定的意义, 考虑 G 上二值可能性分布函数 π_y, 它由 $E=I^{-1}(y)$ 来定义, 即 $\pi_y(x)=1$ 当且仅当 $(x, y)\in I$(或者 $\pi_y(x)=0$ 当且仅当 $(x, y)\notin I$)。

利用可能性理论中的四个度量函数, 可以得到下面四个重要的集合:

$I^{\Pi}(X)=\{y\in M\mid I^{-1}(y)\cap X\neq\varnothing\}$,

$I^{N}(X)=\{y\in M\mid I^{-1}(y)\subseteq X\}$,

$I^{\triangle}(X)=\{y\in M\mid X\subseteq I^{-1}(y)\}$,

$I^{\nabla}(X)=\{y\in M\mid I^{-1}(y)\cup X\neq G\}$。

这四个重要的集合可以进一步推广到 L-模糊环境中, 具体如下:

$I^{\Pi}(X)(y)=\bigvee_{x\in G}(X(x)\otimes I(x, y))$, $y\in M$,

$I^{N}(X)(y)=\bigwedge_{x\in G}(I(x, y)\rightarrow X(x))$, $y\in M$,

$I^{\triangle}(X)(y)=\bigwedge_{x\in G}(X(x)\rightarrow I(x, y))$, $y\in M$,

$I^{\nabla}(X)(y)=\bigvee_{x\in G}((\neg X(x))\otimes(\neg I(x, y)))$, $y\in M$。

它们是 $\Pi(X)$, $N(X)$, $\triangle(X)$ 与 $\nabla(X)$ 在 L-模糊情形下的推广。如果剩余格还满足对合性, 则有 $I^{N}(X)=(\neg I)^{\triangle}(\neg X)$ 和

$I^{\nabla}(X)=(\neg I)^{\Pi}(\neg X)$。

以上针对对象集的定义容易推广至属性集中去：

$I^{-1\Pi}(Y)(x)=\bigvee_{y\in M}(Y(y)\otimes I(x,y))$, $x\in G$,

$I^{-1N}(Y)(x)=\bigwedge_{y\in M}(I(x,y)\to Y(y))$, $x\in G$,

$I^{-1\triangle}(Y)(x)=\bigwedge_{y\in M}(Y(y)\to I(x,y))$, $x\in G$,

$I^{-1\nabla}(Y)(x)=\bigvee_{y\in M}((\neg Y(y))\otimes(\neg I(x,y)))$, $x\in G$。

在我们所提出的 L-模糊三支概念分析中，形式概念实际上是通过基于可能性算子 $I^{\triangle}$ 和 $(\neg I)^{\triangle}$ 的逆序伽罗瓦连接来刻画的。将形式概念分析置身于可能性理论之中，我们自然可考虑如下情形的 L-模糊三支概念算子。

序对 $(X,(Y^{+},Y^{-}))$ 满足 $X=I^{-1\Pi_T}(Y^{+},Y^{-})$ 且 $(Y^{+},Y^{-})=I^{\Pi_T}(X)$，其中：

$X=I^{-1\Pi}(Y^{+})\vee(\neg I)^{-1\Pi}(Y^{-})$, $Y^{+}=I^{\Pi}(X)$, $Y^{-}=(\neg I)^{\Pi}(X)$,

序对 $(X,(Y^{+},Y^{-}))$ 满足 $X=I^{-1N_T}(Y^{+},Y^{-})$ 且 $(Y^{+},Y^{-})=I^{N_T}(X)$，其中：

$X=I^{-1N}(Y^{+})\wedge(\neg I)^{-1N}(Y^{-})$, $Y^{+}=I^{N}(X)$, $Y^{-}=(\neg I)^{N}(X)$,

序对 $(X,(Y^{+},Y^{-}))$ 满足 $X=I^{-1\nabla_T}(Y^{+},Y^{-})$ 且 $(Y^{+},Y^{-})=I^{\nabla_T}(X)$，其中：

$X=I^{-1\nabla}(Y^{+})\vee(\neg I)^{-1\nabla}(Y^{-})$, $Y^{+}=I^{\nabla}(X)$, $Y^{-}=(\neg I)^{\nabla}(X)$。

注意到在如上基于可能性度量与潜在必然性度量的序对定义中，我们将算子 $\wedge$ 改成了 $\vee$，其目的在于产生较好的语义解释。可以验证 $X=I^{-1\nabla_T}(Y^{+},Y^{-})$ 且 $(Y^{+},Y^{-})=I^{\nabla_T}(X)$ 当且仅当 $\neg X=I^{-1\triangle_T}(\neg Y^{+},\neg Y^{-})$ 和 $(\neg Y^{+},\neg Y^{-})=I^{\triangle T}(\neg X)$ 成立，由于算子 $I^{\triangle_T}$ 和 I^{∇_T} 具有对偶性。类似地，$X=I^{-1\Pi_T}(Y^{+},Y^{-})$ 和 $(Y^{+},Y^{-})=I^{\Pi_T}(X)$ 当且仅当 $\neg X=I^{-1N_T}(\neg Y^{+},\neg Y^{-})$ 且 $(\neg Y^{+},\neg Y^{-})=I^{N_T}(\neg X)$ 成立。因此，如上四个算子中有两个是多余的。

在文献中，作者定义算子 $T: L^M \times L^M \to L$ 为：

$$T(Y_1, Y_2) = \bigvee_{y \in M} (Y_1(y) \otimes Y_2(y)) \tag{5-4}$$

$T(Y_1, Y_2)$ 表明 Y_1 和 Y_2 交为非空的程度。

定义 5.3.1　设 G 和 M 是两个论域，一对算子$(\uparrow, \downarrow)$，$\uparrow: L^G \to L^M$，$\downarrow: L^M \to L^G$，若 $T(A, B^{\downarrow}) = T(B, A^{\uparrow})$，称 $\uparrow$ 与 $\downarrow$ 为 G，M 之间的共轭对。

容易证明 $T(Y_1, Y_2 \vee Y_3) = T(Y_1, Y_2) \vee T(Y_1, Y_3)$。文献中所得结论表明$(I^{\Pi}, I^{-1\Pi})$ 形成 G 和 M 之间的一共轭对。

设 $T^*: (L^M \times L^M) \times (L^M \times L^M) \to L$，具体定义如下：$\forall (Y_1, Y_2)$，$(Y_3, Y_4) \in L^M \times L^M$，

$$T^*((Y_1, Y_2), (Y_3, Y_4)) =$$
$$\bigvee_{y \in M} (Y_1(y) \otimes Y_3(y)) \vee \bigvee_{y \in M} (Y_2(y) \otimes Y_4(y)) \tag{5-5}$$

从式(5-4) 和式(5-5) 很容易得到 $T^*((Y_1, Y_2), (Y_3, Y_4)) = T(Y_1, Y_3) \vee T(Y_2, Y_4)$。

定义 5.3.2　设 G，M 是两个论域，$f: L^G \to L^M \times L^M$，$g: L^M \times L^M \to L^G$ 为两映射，如果对任意的 $X \in L^G$，$(Y_1, Y_2) \in L^M \times L^M$，满足 $T(X, g(Y_1, Y_2)) = T^*((Y_1, Y_2), f(X))$，称序对$(f, g)$ 为 G 和 M 之间的 L-模糊三支共轭对。

定理 5.3.1　$(I^{\Pi_T}, I^{-1\Pi_T})$ 是一个 L-模糊三支共轭对。

证明　由于$(I^{\Pi}, I^{-1\Pi})$ 是 2^G 和 2^M 之间的一个共轭对，所以

$$T(X, I^{-1\Pi_T}(Y_1, Y_2)) = T(X, I^{-1\Pi}(Y_1) \vee (\neg I)^{-1\Pi}(Y_2))$$
$$= T(X, I^{-1\Pi}(Y_1)) \vee T(X, (\neg I)^{-1\Pi}(Y_2))$$
$$= T(Y_1, I^{\Pi}(X)) \vee T(Y_2, (\neg I)^{\Pi}(X))$$
$$= T^*((Y_1, Y_2), (I^{\Pi}(X), (\neg I)^{\Pi}(X)))$$
$$= T^*((Y_1, Y_2), I^{\Pi_T}(X))。$$

因此，$(I^{\Pi_T}, I^{-1\Pi_T})$ 是一个 L-模糊三支共轭对。

5.4 基于 L-模糊三支概念格的模糊推理

在这一节，我们将研究基于 L-的模糊三支概念格的模糊推理。我们主要集中研究如下形式的问题：L-模糊关系 I 是未知的，如何从给定的信息来估计 L-模糊三支概念。

具体来说，

假设

$(X_1, (Y_1^+, Y_1^-))$

$(X_2, (Y_2^+, Y_2^-))$

……

$(X_n, (Y_n^+, Y_n^-))$

是 n 个 L-模糊三支概念。

给定 X

……

估计(Y^+, Y^-)，

其中，X_i，$X \in L^G$，(Y_i^+, Y_i^-)，$(Y^+, Y^-) \in L^M \times L^M$。

我们引进两种模糊推理规则，通过这两种规则我们可以估计新的 L-模糊三支概念。对于模糊推理的基本要求就是遵循原始数据，也就是说，当我们输入一个已知的模糊概念的外延(或内涵)，则输出的集合是相应的内涵(或外延)。如果模糊推理方法遵循原始数据，则模糊推理的方法是一致的。

定义 5.4.1 设$(L, \wedge, \vee, \otimes, \to, 0, 1)$ 是一个完备剩余格，$(X_i, (Y_i^+, Y_i^-)) \in L_o^3(G, M, R)$ $(i=1, \cdots, n)$。对于给定的 $X \in L^G$，我们定义 $X^{\uparrow T}$的下近似(记作(Y^+, Y^-)) 如下：

$Y^+(y) = \bigvee_{i=1}^n (Y_i^+(y) \otimes S(X, X_i))$，$y \in M$，$Y^+ \in L^M$，

$Y^-(y) = \bigvee_{i=1}^n (Y_i^-(y) \otimes S(X, X_i))$，$y \in M$，$Y^- \in L^M$。

对于给定的$(Y^+, Y^-) \in L^G$，我们定义$(Y^+, Y^-)^{\downarrow_T}$的下近似（用$X$表示）如下：

$X(x) = \bigvee_{i=1}^{n}(X_i(y) \otimes S^*((Y^+, Y^-), (Y_i^+, Y_i^-)))$，$x \in G$。

为了说明上述模糊推理规则的一致性，我们先给出下面的引理：

引理 5.4.1 设$(L, \wedge, \vee, \otimes, \rightarrow, 0, 1)$是一个完备的剩余格，$(G, M, I)$是一个$L$-模糊形式背景，对任意的$X_1$，$X_2 \in L^G$，$(Y_1^+, Y_2^+) \in L^M$，则

$S(X_1, X_2) \leqslant S^*(X_2^{\uparrow_T}, X_1^{\uparrow_T})$，$S^*((Y_2^+, Y_2^-), (Y_1^+, Y_1^-)) \leqslant S((Y_1^+, Y_1^-)^{\downarrow_T}, (Y_2^+, Y_2^-)^{\downarrow_T})$。

证明 由文献知，对于任意的X_1，$X_2 \in L^G$和Y_1，$Y_2 \in L^M$，有$S(X_1, X_2) \leqslant S(X_2^{\uparrow}, X_1^{\uparrow})$和$S(Y_1, Y_2) \leqslant S(Y_2^{\downarrow}, Y_1^{\downarrow})$。由此可以得到$S(X_1, X_2) \leqslant S(X_2^{\uparrow_I}, X_1^{\uparrow_I})$和$S(X_1, X_2) \leqslant S(X_2^{\uparrow_{\neg I}}, X_1^{\uparrow_{\neg I}})$。

$S^*(X_2^{\uparrow_T}, X_1^{\uparrow_T}) = S^*((X_2^{\uparrow_I}, X_2^{\uparrow_{\neg I}}), (X_1^{\uparrow_I}, X_1^{\uparrow_{\neg I}}))$

$= S((X_2^{\uparrow_I}), (X_1^{\uparrow_I})) \wedge S((X_2^{\uparrow_{\neg I}}), (X_1^{\uparrow_{\neg I}}))$

$\geqslant S(X_1, X_2) \wedge S(X_1, X_2)$

$= S(X_1, X_2)$。

类似地，我们可以得到

$S((Y_1^+, Y_1^-)^{\downarrow_T}, (Y_2^+, Y_2^-)^{\downarrow_T}) = S((Y_1^+)^{\downarrow_I} \wedge (Y_1^-)^{\downarrow_{\neg I}}, (Y_2^+)^{\downarrow_I} \wedge (Y_2^-)^{\downarrow_{\neg I}})$

$\geqslant S((Y_1^+)^{\downarrow_I}, (Y_2^+)^{\downarrow_I}) \wedge S((Y_1^-)^{\downarrow_I}, (Y_2^-)^{\downarrow_I})$

$\geqslant S(Y_2^+, Y_1^+) \wedge S(Y_2^-, Y_1^-)$

$= S^*((Y_2^+, Y_2^-), (Y_1^+, Y_1^-))$。

定理 5.4.1 由定义 5.4.1 所确定的模糊推理规则是一致的。

证明 （1）我们首先要证明对于任意的$(X_i, (Y_i^+, Y_i^-))$ $(1 \leqslant i \leqslant n)$，若$X = X_j$，则一定有$(Y^+, Y^-) = (Y_j^+, Y_j^-)$。

事实上，由引理5.4.1知对于任意满足$1\leqslant i\leqslant n$和$i\neq j$的i，$S(X_j, X_i)\leqslant S(Y_i^+, Y_j^+)=\bigwedge_{y\in M}(Y_i^+(y)\rightarrow Y_j^+(y))\leqslant Y_i^+(y)\rightarrow Y_j^+(y)$。又因$(\otimes, \rightarrow)$是一共轭对，所以$S(X_j, X_i)\otimes Y_i^+(y)\leqslant Y_j^+(y)$。因此，$Y^+(y)=\bigvee_{i=1}^n(Y_i^+(y)\otimes S(X, X_i))=\bigvee_{i=1}^n(Y_i^+(y)\otimes S(X_j, X_i))=Y_j^+(y)\otimes S(X_j, X_j)=Y_j^+(y)\otimes 1=Y_j^+(y)$。

类似地，由于$S(X_j, X_i)\leqslant S(Y_i^-, Y_j^-)=\bigwedge_{y\in M}(Y_i^-(y)\rightarrow Y_j^-(y))\leqslant Y_i^-(y)\rightarrow Y_j^-(y)$。又因$(\otimes, \rightarrow)$是一个共轭对，便知$S(X_j, X_i)\otimes Y_i^-(y)\leqslant Y_j^-(y)$。因此，$Y^-(y)=\bigvee_{i=1}^n(Y_i^-(y)\otimes S(X, X_i))=\bigvee_{i=1}^n(Y_i^-(y)\otimes S(X_j, X_i))=Y_j^-(y)\otimes S(X_j, X_j)=Y_j^-(y)\otimes 1=Y_j^-(y)$。

(2) 以下证明对于任意的$(X_i, (Y_i^+, Y_i^-))$ $(1\leqslant i\leqslant n)$，如果$(Y^+, Y^-)=(Y_j^+, Y_j^-)$，一定有$X=X_j$。

事实上，若$i\neq j$，因为$S^*((Y^+, Y^-), (Y_i^+, Y_i^-))=S^*((Y_j^+, Y_j^-), (Y_i^+, Y_i^-))\leqslant S((Y_i^+, Y_i^-)^{\downarrow_T}, (Y_j^+, Y_j^-)^{\downarrow_T})=S(X_i, X_j)=\bigwedge_{x\in G}(X_i(x)\rightarrow X_j(x))\leqslant X_i(x)\rightarrow X_j(x)$，由$(\otimes, \rightarrow)$是一个共轭对知$S^*((Y^+, Y^-), (Y_i^+, Y_i^-))\otimes X_i(x)\leqslant X_j(y)$。因此，$X(x)=\bigvee_{i=1}^n(X_i(y)\otimes S((Y^+, Y^-), (Y_i^+, Y_i^-)))=\bigvee_{i=1}^n(X_i(y)\otimes S((Y_j^+, Y_j^-), (Y_i^+, Y_i^-)))=X_j(x)\otimes 1=X_j(x)$，$x\in G$。

定义5.4.2 设$(L, \wedge, \vee, \otimes, \rightarrow, 0, 1)$是一个完备的对合剩余格，$(X_i, (Y_i^+, Y_i^-))\in L_o^3(G, M, I)$，$(i=1, \cdots, n)$。对于给定的$X\in L^G$，我们定义$X^{\uparrow_T}$的上近似(用$(Y^+, Y^-)$表示)如下：

$Y^+(y)=\bigwedge_{i=1}^n(\neg Y_i^+(y)\rightarrow T^\circ(X_i, X))$，

$Y^-(y)=\bigwedge_{i=1}^n(\neg Y_i^-(y)\rightarrow T^\circ(X_i, X))$，这里，$T^\circ(X_i, X)=\bigvee_{x\in G}(X_i(x)\otimes\neg X(x))$。

对于给定的(Y^+, Y^-)，我们定义$(Y^+, Y^-)^{\downarrow_T}$的上近似(用

X 表示）如下：

$X(x)=\bigwedge_{i=1}^{n}(\neg X_i(x)\to T^{*}((Y_i^+,Y_i^-),(Y^+,Y^-)))$，

这里，$T^{*}((Y_i^+,Y_i^-),(Y^+,Y^-))=\bigvee_{y\in G}(Y_i^+(x)\otimes\neg Y^+(x))\vee\bigvee_{y\in G}(Y_i^-(x)\otimes\neg Y^-(x))$。

为了证明上述模糊推理规则的一致性，我们需要给出下面的引理。

引理 5.4.2　设$(L,\wedge,\vee,\otimes,\to,0,1)$是一个完备的对合剩余格，$(G,M,I)$是一个 L-模糊形式背景，对任意的 X_1，$X_2\in L^G$，(Y_1^+,Y_1^-)，$(Y_2^+,Y_2^-)\in L^M\times L^M$，有

$T(X_1,X_2)\geqslant T^{*}(X_2^{\uparrow T},X_1^{\uparrow T})$，

$T^{*}((Y_1^+,Y_1^-),(Y_2^+,Y_2^-))\geqslant T((Y_2^+,Y_2^-)^{\downarrow T},(Y_1^+,Y_1^-)^{\downarrow T})$。

证明　由文献知，对于任意的 X_1，$X_2\in L^G$和 Y_1，$Y_2\in L^M$，有 $T(X_1,X_2)\geqslant T(X_2^{\uparrow},X_1^{\uparrow})$ 和 $T(Y_1,Y_2)\geqslant T(Y_2^{\uparrow},Y_1^{\uparrow})$ 成立，且与 L-模糊背景中的二元关系是无关的。于是，我们有

$$
\begin{aligned}
T^{*}(X_2^{\uparrow T},X_1^{\uparrow T}) &= T^{*}((X_2^{\uparrow I},X^{\uparrow\neg I}),(X_1^{\uparrow I},X^{\uparrow\neg I}))\\
&= T(X_2^{\uparrow I},X_1^{\uparrow I})\vee T(X_2^{\uparrow\neg I},X_1^{\uparrow\neg I})\\
&\leqslant T(X_1,X_2)\vee T(X_1,X_2)\\
&= T(X_1,X_2)。
\end{aligned}
$$

类似地，

$T((Y_2^+,Y_2^-)^{\downarrow T},(Y_1^+,Y_1^-)^{\downarrow T})=T(Y_2^{+\downarrow I}\wedge Y_2^{-\downarrow\neg I},Y_1^{+\downarrow I}\wedge Y_1^{-\downarrow\neg I})$

$=\bigvee_{x\in G}((Y_2^{+\downarrow I}\wedge Y_2^{-\downarrow\neg 1})(x)\otimes\neg(Y_1^{+\downarrow I}\wedge Y_1^{-\downarrow\neg I})(x))$

$=\bigvee_{x\in G}((Y_2^{+\downarrow I}(x)\wedge Y_2^{-\downarrow\neg I}(x))\otimes(\neg Y_1^{+\downarrow I}(x)\vee\neg Y_1^{-\downarrow\neg I}(x)))$。

$=\bigvee_{x\in G}((Y_2^{+\downarrow I}(x)\wedge Y_2^{-\downarrow\neg I}(x))\otimes(\neg Y_1^{+\downarrow I}(x)))$

$\vee \bigvee_{x\in G}((Y_2^{+\downarrow I}(x)\wedge Y_2^{-\downarrow\neg I}(x))\otimes(\neg Y_1^{-\downarrow\neg I}(x)))$

$\leqslant \bigvee_{x\in G}((Y_2^{+\downarrow I})(x)\otimes(\neg Y_1^{+\downarrow I}(x)))\vee\bigvee_{x\in G}((Y_2^{-\downarrow\neg I})(x)\otimes(\neg Y_1^{-\downarrow\neg I}(x)))$

$=T^{\neg}(Y_2^{+\downarrow I},Y_1^{+\downarrow I})\vee T^{\neg}(Y_2^{-\downarrow I},Y_1^{-\downarrow I})$

$\leqslant T^{\neg}(Y_1^{+},Y_2^{+})\vee T^{\neg}(Y_1^{-},Y_2^{-})$

$=T^{\neg *}((Y_1^{+},Y_1^{-}),(Y_2^{+},Y_2^{-}))$。

定理 5.4.2 由定义 5.4.2 所确定的模糊推理规则是一致的。

证明 (1) 首先证明：若 $X=X_j(1\leqslant j\leqslant n)$，则有 $(Y^{+},Y^{-})=(Y_j^{+},Y_j^{-})$。只需说明下面结论成立：

①对任意的 $1\leqslant i\leqslant n$ 且 $i\neq j$，有 $Y_j^{+}(x)=\neg Y_j^{+}(x)\to 0=\neg Y_j^{+}(x)\to T^{\neg}(X_j,X_j)$；

② $Y_j^{+}(x)\leqslant\neg Y_i^{+}(x)\to T^{\neg}(X_i,X_j)$；

③对任意的 $1\leqslant i\leqslant n$ 且 $i\neq j$，$Y_j^{-}(x)=\neg Y_j^{-}(x)\to 0=\neg Y_j^{-}(x)\to T^{\neg}(X_j,X_j)$；

④ $Y_j^{-}(x)\leqslant\neg Y_i^{-}(x)\to T^{\neg}(X_i,X_j)$。

事实上，由于 $T^{\neg}(X_j,X_j)=\bigvee_{x\in G}(X_j(x)\otimes\neg X_j(x))=0$，①显然成立。

由 $(\otimes,\to)$ 是一个伴随对知 $Y_j^{+}(x)\otimes\neg Y_i^{+}(x)\leqslant T^{\neg}(X_i,X_j)$，从而 $T^{\neg}(X_i,X_j)\geqslant T^{\neg}(X_j^{\uparrow I},X_i^{\uparrow I})=T^{\neg}(Y_j^{+},Y_i^{+})=\bigvee_{x\in G}(Y_j^{+}(x)\otimes\neg Y_i^{+}(x))\geqslant Y_j^{+}(x)\otimes\neg Y_i^{+}(x)$，所以②成立。

用类似的方法可以证明③和④成立。

(2) 其次，我们要证明：若 $(Y^{+},Y^{-})=(Y_j^{+},Y_j^{-})$ $(1\leqslant j\leqslant n)$，则有 $X=X_j$ 成立，类似于情形①，我们需要证明如下结论成立。

① $X_j=\neg X_j\to 0=\neg X_j\to T^{\neg *}((Y_j^{+},Y_j^{-}),(Y^{+},Y^{-}))$，

②对任意的 $i\neq j$，$X_j\leqslant\neg X_i(x)\to T^{\neg *}((Y_i^{+},Y_i^{-}),(Y_j^{+},Y_j^{-}))$。

事实上，由于 $T^{\neg *}((Y_j^{+},Y_j^{-}),(Y_j^{+},Y_j^{-}))=\bigvee_{y\in G}(Y_j^{+}(x)$

$\otimes\neg Y_j^+(x))\vee\bigvee_{y\in G}(Y_j^-(x)\otimes\neg Y_j^-(x))=0$，所以①成立。由引理 5.4.2 知 $T^{\urcorner *}((Y_i^+, Y_i^-), (Y_j^+, Y_j^-))\geq T^{\urcorner}((Y_j^+, Y_j^-)^{\downarrow_T}, (Y_i^+, Y_\mathrm{i}^-)^{\downarrow_T})=T^{\urcorner}(X_j, X_i)=\bigvee_{x\in G}(X_j(x)\otimes\neg X_i(x))\geq X_j(x)\otimes\neg X_i(x)$，又因为$(\otimes, \rightarrow)$ 是一个伴随对，所以②成立。

定理 5.4.3 设 $L=(L, \wedge, \vee, \otimes, \rightarrow, 0, 1)$ 是一个完备的对合剩余格，对任意的 $X\in L^G$，$(Y^+, Y^-)\in L^M\times L^M$ 和 $\{(X_i, (Y_i^+, Y_i^-))\}\subseteq L_o^3(G, M, I)$，有

①$(\bigvee_{i=1}^n(Y_i^+(y)\otimes S(X, X_i)), \bigvee_{i=1}^n(Y_i^-(y)\otimes S(X, X_i)))\leqslant X^{\uparrow_T}\leqslant(\bigwedge_{i=1}^n(\neg Y_i^+(y)\rightarrow T^{\urcorner}(X_\mathrm{i}, X), \bigwedge_{i=1}^n(\neg Y_i^-(y)\ T\neg(X_i, X))$，

②$\bigvee_{i=1}^n(X_i(y)\otimes S^*((Y^+, Y^-), (Y_i^+, Y_i^-)))\leqslant(Y^+, Y^-)^{\downarrow_T}\leqslant\bigwedge_{i=1}^n(\neg X_\mathrm{i}(x)\rightarrow T^{\urcorner *}((Y_i^+, Y_i^-), (Y^+, Y^-)))$。

证明 由定理 5.4.1 和定理 5.4.2 知上述结论成立。

5.5 小结

在本章中，通过将模糊逻辑与三支决策相结合，我们引入了一种新的形式概念分析模型。所得结论表明，在通常序意义下，全体 L-模糊三支概念可构成一完备格。此外，我们从可能性理论出发对 L-模糊三支概念进行了分析，结论表明：L-模糊三支概念分析中的基本算子可通过可能性理论中的集合映射来理解与解释。借助于可能性理论，我们还可以给出其他形式的 L-模糊三支概念。最后，我们给出了基于 L-模糊三支概念的模糊推理方法，并证明了它们的一致性。

第6章 区间形式的概念格的构造

本章主要研究区间集概念格的构造方法和相应的算法；其次，在区间集概念格的基础上引入粗糙算子，定义面向属性（对象）区间集概念格并研究它们的一些性质，以及相应的建格算法。最后，将多粒度的思想引入到上述所提出的区间形式概念分析中，研究粒化前后区间集概念之间的关系；最后在多粒形式背景下，进一步研究面向对象（属性）区间集概念之间的内在联系。

6.1 引言

区间形式的概念格是将区间集理论与概念格理论相结合而产生的一种新的概念格模型。其本质思想是把概念中表示外延与内涵的集合推广到区间集，利用区间集所反映的不确定信息把经典概念扩展到区间集概念。区间集概念格继承并推广了概念格的方法和技巧，是研究概念动态变化的有效工具。

在经典形式背景中，对象要么具有某个属性要么不具有该属性，这种关系是确定的，然而在实际生活中，可能由于知识的缺乏，对象是否具有某些性质是无法确定的。为此，Burmeister 和 Holzer 引入了不完备形式背景，并将经典的概念导出算子推广为更一般的模态论导出算子。文献针对不完备信息的知识获取问题提出了区间集的概念，并进一步将不完备形式背景进行完备化，给出了不完备形式背景中部分已知概念的定义。文献定义了区间集概念格，文献进一步研究了三种部分已知概念的结构和它们之间的关系以及部分已知概念与完备化背景下经典概念之间的关系。

值得注意的是，已有的基于区间集方法的形式概念分析均在单粒度形式背景中展开的，然而，现实世界中的许多数据都具有多粒度特性，在不同的粒度下属性具有不同的属性值，将区间集方法与多粒度思想相结合，可以实现在多角度、多视角下研究不确定的、部分已知的概念，本章正是基于如上考虑拟研究属性粒度下的区间集概念分析。

6.2　区间集概念格的构造

区间集概念格被提出之后，关于区间集概念的计算目前只有利用定义计算的方法，即先求出对象集（属性集）的所有区间集，再利用区间集算子判断是否可以生成区间集概念。据计算，若对象（属性）集所含元素的个数是 n（m），那么所需要遍历的所有区间集的个数为 3^n（3^m）。而用形式概念的定义计算所有经典概念，只需遍历的所有子集的个数为 2^n（2^m），因此，利用定义计算区间集概念的方法计算量十分大。然而，区间集概念格的其他方面研究又离不开区间集概念格的建造。因此，寻找新的方法构造区间集概念格势在必行。

6.2.1　区间集概念格的性质

由于区间集概念格的概念形成算子是由概念格中的概念形成算子给出的，因此，区间集概念与形式概念、区间集概念格与经典概念格有着必然的联系。本节从元素及代数结构上研究区间集概念格与经典概念格之间的关系。

定理 6.2.1 设 (G, M, I) 为形式背景，$L(G, M, I)$ 及 $IL(G, M, I)$ 分别为其经典概念格及区间集概念格，则对于任意的 $([X, Y], [B, A]) \in IL(G, M, I)$，都有 (X, A)，$(Y, B) \in L(G, M, I)$。

证明 因为 $([X, Y], [B, A]) \in IL(G, M, I)$，由区间集概念的定义，我们知 $f([X, Y]) = [Y^I, X^I] = [B, A]$ 且 $g([B, A]) = [A^I, B^I] = [X, Y]$。由区间集相等的定义知，$X^I = A$，$A^I = X$ 且 $Y^I = B$，$B^I = Y$。因此，由形式概念的定义知 (X, A)，$(Y, B) \in L(G, M, I)$。

反过来，通过一个形式概念，我们也可以构造出一个区间集概念，如下定理所示。

定理 6.2.2 设 (G, M, I) 为形式背景，$L(G, M, I)$ 及 $IL(G, M, I)$ 分别为其经典概念格及区间集概念格，则对于任意的 $(X, A) \in L(G, M, I)$，都有 $([X, X], [A, A]) \in IL(G, M, I)$。进一步，若 (G, M, I) 为正则的形式背景，则对于任意的 $(X, A) \in L(G, M, I)$，我们都有如下结论：$([\emptyset, X][M, A]) \in IL(G, M, I)$ 及 $([X, G], [\emptyset, A]) \in IL(G, M, I)$。

证明 因为 $(X, A) \in L(G, M, I)$，所以由形式概念的定义知，$X^I = A$，$A^I = X$。因此，我们可以构造 $[X^I, X^I] = [A, A]$ 且 $[A^I, A^I] = [X, X]$ 即 $f([X, X]) = [A, A]$ 且 $g([A, A]) = [X, X]$。因此，$([X, X], [A, A]) \in IL(G, M, I)$。

若 (G, M, I) 为正则的形式背景，则我们有 $\emptyset^I = M$，$M^I = \emptyset$ 及 $G^I = \emptyset$，$\emptyset^I = G$。结合 $X^I = A$，$A^I = X$，我们有 $f([\emptyset, X]) = [X^I, \emptyset^I] = [A, M]$ 且 $g([A, M]) = [M^I, A^I] = [\emptyset, X]$。由

区间集概念的定义知，$([\emptyset, X], [M, A]) \in IL(G, M, I)$。同理可以证明 $([X, G], [\emptyset, A]) \in IL(G, M, I)$。

事实上，满足一定条件的两个不同形式概念也可以生成一个区间集概念。因此，下面我们将定理6.2.2推广成如下定理。

定理6.2.3 设 (G, M, I) 为形式背景，$L(G, M, I)$ 及 $IL(G, M, I)$ 分别为其经典概念格及区间集概念格，若对于任意的 $(X, A) \in L(G, M, I)$ 及 $(Y, B) \in L(G, M, I)$，$X \subseteq Y$，则 $([X, Y], [B, A]) \in IL(G, M, I)$。

证明 因为 $(X, A) \in L(G, M, I)$，及 $(Y, B) \in L(G, M, I)$，由形式概念的定义，我们知 $X^I = A$，$A^I = X$ 且 $Y^I = B$，$B^I = Y$。从而，我们可以构造 $f([X, Y]) = [Y^I, X^I] = [B, A]$ 且 $g([B, A]) = [A^I, B^I] = [X, Y]$。又因为 $X \subseteq Y$，由 * 算子的性质，结合 $X^I = A$，$Y^I = B$，我们知 $B \subseteq A$，从而 $[B, A] \in IP(M)$ 及 $[X, Y] \in IP(G)$。由区间集概念的定义知，$([X, Y], [B, A]) \in IL(G, M, I)$。

基于上述形式概念与区间集概念之间的关系，我们将建立概念格与区间集概念格之间的关系。

定理6.2.4 设 (G, M, I) 为形式背景，$L(G, M, I)$ 及 $IL(G, M, I)$ 分别为其经典概念格及区间集概念格，则存在一个映射 $h: L(G, M, I) \to IL(G, M, I)$，使得 $h(L(G, M, I))$ 为 $IL(G, M, I)$ 的子格。

证明 定义 $h: L(G, M, I) \to IL(G, M, I)$ 为对于任意的 $(X, A) \in L(G, M, I)$，$h(X, A) = ([X, X]\ [A, A])$，由定理6.2.2，我们知 $([X, X], [A, A]) \in IL(G, M, I)$。从而，$h$ 为 $L(G, M, I)$ 到 $IL(G, M, I)$ 的一个映射。因此，$h(L(G, M, I))$ 为 $IL(G, M, I)$ 的子集。

任意选取 $h(X, A)$，$h(Y, B) \in IL(G, M, I)$，按照 h 的定义以及 $IL(G, M, I)$ 中任意两个元素的上下确界的计算公式，我们有：$h(X, A) \vee h(Y, B) = ([X, X], [A, A]) \vee ([Y, Y], [B, B]) = (gf([X, X] \sqcup [Y, Y], [A, A] \sqcap B, B]) = (gf([X \cup Y, X \cup Y], [A \cap B, A \cap B]) = ([(X \cup Y)'', (X \cup Y)''], [A \cap B, A \cap B])$。

又按照 h 的定义以及 $L(G, M, I)$ 中任意两个元素的上下确界的计算公式，我们有：$h((X, A) \vee (Y, B)) = h((X \cup Y)'', A \cap B) = ([(X \cup Y)'', (X \cup Y)''], [A \cap B, A \cap B]) = ([(X \cup Y)'', (X \cup Y)''], [A \cap B, A \cap B])$。

显然，我们有 $h(X, A) \vee h(Y, B) = h((X, A) \vee (Y, B))$。又由于 $(X, A) \vee (Y, B) \in L(G, M, I)$，所以 $h((X, A) \vee (Y, B)) \in IL(G, M, I)$。同理，可以证明 $h((X, A) \wedge (Y, B)) \in IL(G, M, I)$ 且 $h(X, A) \wedge h(Y, B) = h((X, A) \wedge (Y, B))$。

综上，由子格的定义知 $h(L(G, M, I))$ 为 $IL(G, M, I)$ 的子格。

通过定理 6.2.4 的证明，我们很容易知道上述存在的映射 h 是 $L(G, M, I)$ 到 $IL(G, M, I)$ 的一个格同态。事实上，若 (G, M, I) 为正则的形式背景，则对于任意的 $h((X, A)) = ([\emptyset, X], [M, A])$ 或者 $h((X, A)) = ([X, G], [\emptyset, A]) \in IL(G, M, I)$，则其也为 $L(G, M, I)$ 到 $IL(G, M, I)$ 的一个格同态。

6.2.2 区间集概念格的构造方法及算法

根据上一节关于概念格与区间集概念格之间的关系，本节利用概念格的构造方法构造区间集概念格。

定理6.2.5　设 (G, M, I) 为形式背景，$L(G, M, I)$ 及 $IL(G, M, I)$ 分别为其经典概念格及区间集概念格，则 $IL(G, M, I)=\{([X, Y], [B, A]) \mid (X, A), (Y, B) \in L(G, M, I), X \subseteq Y\}$。

证明　为了方便说明，下面我们记 $\Delta=\{([X, Y], [B, A]) \mid (X, A), (Y, B) \in L(G, M, I), X \subseteq Y\}$。对于任意的 $([X, Y][B, A]) \in \Delta$，由定理6.2.3，我们知 $([X, Y], [B, A]) \in IL(G, M, I)$。从而 $\Delta \subseteq IL(G, M, I)$。反过来，对于任意的 $([X, Y], [B, A]) \in IL(G, M, I)$，由定理6.2.1，我们知 $(X, A), (Y, B) \in L(G, M, I)$。由于 $[X, Y]$，$[B, A]$ 均为区间集，所以 $X \subseteq Y$。又由 Δ 的定义知，$([X, Y], [B, A]) \in \Delta$。从而 $\Delta \supseteq IL(G, M, I)$。

综上所述，$\Delta=IL(G, M, I)$，即 $IL(G, M, I)=\{([X, Y], [B, A]) \mid (X, A), (Y, B) \in L(G, M, I), X \subseteq Y\}$。

事实上，定理6.2.5给出了一种利用其概念格构造其相应区间集概念格的方法。下面，我们给出这种方法的相应算法。

区间集概念格的构造算法：

（1）输入形式背景 (G, M, I)；

（2）令 $IL(G, M, I)=\varnothing$，$\sim=\varnothing$；

（3）调用算法 Inclose2 计算 $L(G, M, I)$ 的所有概念；

（4）While $((X, A), (Y, B) \in L(G, M, I))$

$\{$ if $X \subseteq Y$,

$\{IL(G,M,I)=IL(G,M,I) \cup \{([X,Y],[B,A])\}\}$

$\}$

（5）输出 $IL(G, M, I)$。

假设 $|G|$，$|M|$，$|L(G, M, I)|$ 分别表示 G，M，$|L(G, M, I)|$ 所含元素的个数。在算法中，Step（2）利用 In-close2 计算出了所有概念，时间复杂度为 $O(|L(G, M, I)||G||M|^2)$，Step（3）是将概念转化成区间集概念的过程，时间复杂度为 $O(|L(G, M, I)|^2/2)$。很容易发现算法的时间复杂度主要由 Step（2）以及 Step（3）提供。所以，算法的时间复杂度是 $O(|L(G, M, I)||G||M|^2+|L(G, M, I)|^2/2)$。

6.3 面向对象（属性）区间集概念格及其构造

面向对象（属性）概念格是形式概念分析中的一种重要数据结构。类似于区间集概念格，将描述不完备信息的区间集方法引入到面向对象（属性）概念格的研究之中，由此定义了面向对象（属性）区间集概念格，实现了形式概念分析与粗糙集、区间集三种方法的交叉融合。在给出基本定义之后，进一步细致研究了面向对象（属性）区间集概念格算子的一些代数性质，并建立起了面向对象（属性）概念格与面向对象（属性）区间集概念格之间的密切联系，最后给出了面向对象（属性）区间集概念格的构造方法及相应的建格算法并探讨它们之间的关系。

6.3.1 面向对象区间集概念格及其构造

定义 6.3.1 设 (G, M, I) 为一形式背景，对任意的 $\tilde{X}=[X_1, X_2]\in I(2^G)$，$\tilde{A}=[A_1, A_2]\in I(2^M)$，定义 $I(2^G)$ 与 $I(2^M)$ 之间的一对算子■：$I(2^G)\rightarrow I(2^M)$ 和◆：$I(2^M)\rightarrow I(2^G)$ 如下：$\tilde{X}^{\blacksquare}=[X_1^{\square}, X_2^{\square}]\in I(2^M)$；$\tilde{A}^{\blacklozenge}=[A_1^{\diamond}, A_2^{\diamond}]\in I(2^G)$。

例 6.3.1 设 (G, M, I) 为一形式背景（表 6－1），其中 $G=\{1, 2, 3\}$，$M=\{a, b, c\}$。取 $\tilde{X}=[12, 123]\in I(2^G)$，$\tilde{A}=[ab, abc]\in I(2^M)$。按照定义 6.3.1，我们有 $[12, 123]^{\blacksquare}$

$=[12^{\square}, 123^{\square}]=[ab, abc]=\tilde{A}$，$[ab, abc]^{\blacklozenge}=[ab^{\Diamond}, abc^{\Diamond}]$

$=[12, 123]=\tilde{X}$。

表 6－1　形式背景（G，M，I）

G	a	b	c
1	×		×
2	×	×	
3			×

性质 6.3.1　设（G，M，I）为一形式背景，对任意的 $\tilde{X}=[X_1, X_2]\in I(2^G)$，$\tilde{A}=[A_1, A_2]\in I(2^M)$，则■和◆具有以下性质：

（1）$\tilde{X}\subseteq\tilde{Y}\Rightarrow\tilde{X}^{\blacksquare}\subseteq\tilde{Y}^{\blacksquare}$；

（2）$\tilde{A}\subseteq\tilde{B}\Rightarrow\tilde{A}^{\blacklozenge}\subseteq\tilde{B}^{\blacklozenge}$；

（3）$\tilde{X}^{\blacksquare\blacklozenge}\subseteq\tilde{X}$，$\tilde{A}\subseteq\tilde{A}^{\blacklozenge\blacksquare}$；

（4）$\tilde{X}^{\blacksquare}=\tilde{X}^{\blacksquare\blacklozenge\blacksquare}$，$\tilde{A}^{\blacklozenge\blacksquare\blacklozenge}=\tilde{A}^{\blacklozenge}$；

（5）$(\tilde{X}\cap\tilde{Y})^{\blacksquare}=\tilde{X}^{\blacksquare}\cap\tilde{Y}^{\blacksquare}$，$(\tilde{A}\cup\tilde{B})^{\blacklozenge}=\tilde{A}^{\blacklozenge}\cup\tilde{B}^{\blacklozenge}$。

证明　下面仅证明（5）。

设 $\tilde{X}=[X_1, X_2]$，$\tilde{Y}=[Y_1, Y_2]\in I(2^G)$，则 $(\tilde{X}\cap\tilde{Y})^{\blacksquare}=[X_1\cap Y_1, X_2\cap Y_2]^{\blacksquare}=[(X_1\cap Y_1)^{\square}, (X_2\cap Y_2)^{\square}]=[X_1^{\square}\cap Y_1^{\square}, X_2^{\square}\cap Y_2^{\square}]=\tilde{X}^{\square}\cap\tilde{Y}^{\square}$。

设 $\tilde{A}=[A_1, A_2]$，$\tilde{B}=[B_1, B_2]\in I(2^M)$，则 $(\tilde{A}\cup\tilde{B})^{\blacklozenge}=[A_1\cup B_1, A_2\cup B_2]^{\blacklozenge}=[(A_1\cup B_1)^{\Diamond}, (A_2\cup B_2)^{\Diamond}]=[A_1^{\Diamond}\cup B_1^{\Diamond}, A_2^{\Diamond}\cup B_2^{\Diamond}]=[A_1^{\Diamond}, A_2^{\Diamond}]\cup[B_1^{\Diamond}, B_2^{\Diamond}]=\tilde{A}^{\blacklozenge}\cup\tilde{B}^{\blacklozenge}$。

定义 6.3.2 设（G, M, I）为一形式背景，对于任意的$\tilde{X} \in I(2^G)$，$\tilde{A} \in I(2^M)$，若$\tilde{X}^{\blacksquare} = \tilde{A}$ 且$\tilde{A}^{\blacklozenge} = \tilde{X}$，则称（$\tilde{X}$, $\tilde{A}$）为面向对象区间集概念。其中，$\tilde{X}$称为面向对象区间集概念的外延，$\tilde{A}$称为面向对象区间集概念的内涵。

记形式背景（G, M, I）的所有面向对象区间集概念构成的集合为 OIL（G, M, I），所有面向对象区间集概念的外延构成的集合为 OIL_G（G, M, I），所有面向对象区间集概念的内涵构成的集合为 OIL_M（G, M, I），定义 OIL（G, M, I）上的二元关系为：$(\tilde{X}, \tilde{A}) \leqslant (\tilde{Y}, \tilde{B}) \Leftrightarrow \tilde{X} \subseteq \tilde{Y}\ (\tilde{A} \subseteq \tilde{B})$。很容易证明上述的二元关系"≤"是偏序关系且在此偏序关系下，OIL（G, M, I）形成完备格。即，任意的两个概念（$\tilde{X}$, $\tilde{A}$），（$\tilde{Y}$, $\tilde{B}$）的下确界和上确界分别如下所示：$(\tilde{X}, \tilde{A}) \wedge (\tilde{Y}, \tilde{B}) = ((\tilde{X} \cap \tilde{Y})^{\blacksquare\blacklozenge}, \tilde{A} \cap \tilde{B})$，$(\tilde{X}, \tilde{A}) \vee (\tilde{Y}, \tilde{B}) = (\tilde{X} \cup \tilde{Y}, (\tilde{A} \cup \tilde{B})^{\blacklozenge\blacksquare})$。由于（$OIL$（$G$, M, I），≤）为完备格，且每个元素均是面向对象区间集概念。所以称（OIL（G, M, I），≤）为面向对象区间集概念格，简记 OIL（G, M, I）。

例 6.3.2 （续例 6.3.1）因为$\tilde{X} = [12, 123]$，$\tilde{A} = [ab, abc]$，由例 6.3.1 知$\tilde{X}^{\blacksquare} = [12, 123]^{\blacksquare} = [12^{\square}, 123^{\square}] = [ab, abc] = \tilde{A}$，$\tilde{A}^{\blacklozenge} = [3, 13] = \tilde{X}$，所以由定义 6.3.2 知（$\tilde{X}$, $\tilde{A}$）是面向对象区间集概念。类似地，可以求出此形式背景的所有面向对象区间集概念及其相应的面向对象区间集概念格 OIL（G, M, I）（图 6－1）。

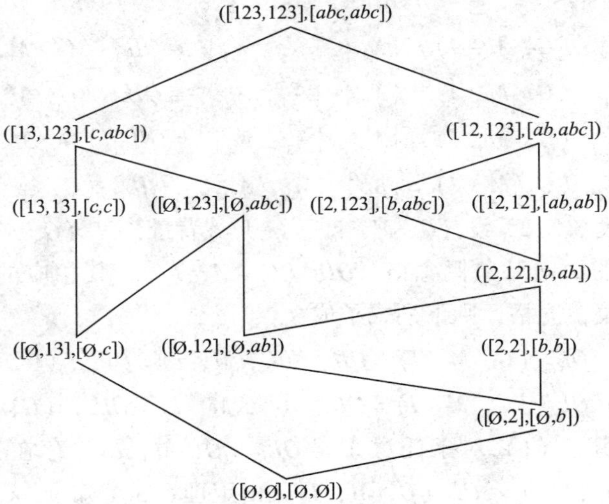

图 6-1 面向对象区间集概念格

下面，我们从元素、集合及代数结构的角度研究面向对象概念格与面向对象区间集概念格之间的关系。

定理 6.3.1 设 (G, M, I) 为一形式背景，若 $(X_1, A_1) \in OL(G, M, I)$，则 $([X_1, X_1], [A_1, A_1]) \in OIL(G, M, I)$。

证明 由定义 6.3.1 和定义 6.3.2 容易证明此定理。

定理 6.3.2 设 (G, M, I) 为一个形式背景，若 $([X_1, X_2], [A_1, A_2]) \in OIL(G, M, I)$，则 (X_1, A_1)，$(X_2, A_2) \in OL(G, M, I)$。

证明 设 $(\tilde{X}, \tilde{A}) = ([X_1, X_2], [A_1, A_2]) \in OIL(G, M, I)$，则 $\tilde{X}^{\blacksquare} = [X_1, X_2]^{\blacksquare} = [X_1^{\square}, X_2^{\square}] = [A_1, A_2]$，所以 $X_1^{\square} = A_1$ 且 $X_2^{\square} = A_2$，又因为 $\tilde{A}^{\blacklozenge} = [A_1, A_2]^{\blacklozenge} = [A_1^{\diamond}, A_2^{\diamond}] = [X_1, X_2]$，所以 $A_1^{\diamond} = X_1$，$A_2^{\diamond} = X_2$，从而 (X_1, A_1)，$(X_2, A_2) \in OL(G, M, I)$。

为了研究集合 $OIL(G, M, I)$ 与集合 $OL(G, M, I)$ 之间

的关系，记

$OIL_G^{\perp}$ $(G, M, I) = \{X_1 \mid [X_1, X_2] \in OIL_G(G, M, I)\}$；

$OIL_G^{\top}$ $(G, M, I) = \{X_2 \mid [X_1, X_2] \in OIL_G(G, M, I)\}$；

$OIL_M^{\perp}$ $(G, M, I) = \{A_1 \mid [A_1, A_2] \in OIL_M(G, M, I)\}$；

$OIL_M^{\top}$ $(G, M, I) = \{A_2 \mid [A_1, A_2] \in OIL_M(G, M, I)\}$。

定理6.3.3 设 (G, M, I) 为一形式背景，$OL(G, M, I)$ 为其相应的面向对象概念格，$OIL(G, M, I)$ 为其相应的面向对象区间集概念格，则下列式子成立：

（1）$OL_G(G, M, I) = OIL_G^{\perp}(G, M, I) = OIL_G^{\top}(G, M, I)$；

（2）$OL_M(G, M, I) = OIL_M^{\perp}(G, M, I) = OIL_M^{\top}(G, M, I)$。

证明 （1）对于任意 $X_1 \in OL_G(G, M, I)$，存在 $A_1 \subseteq M$，使得 $(X_1, A_1) \in OL(G, M, I)$，由定理6.3.1知 $([X_1, X_1], [A_1, A_1]) \in OIL(G, M, I)$，所以 $X_1 \in OIL_G^{\perp}(G, M, I)$，从而 $OL_G(G, M, I) \subseteq OIL_G^{\perp}(G, M, I)$。反之，对于任意 $X_1 \in OIL_G^{\perp}(G, M, I)$，存在 $X_2 \subseteq G$，使得 $X_1 \subseteq X_2$，且相应的内涵为 A_1，$A_2 \subseteq M$，使得 $([X_1, X_2], [A_1, A_2]) \in OIL(G, M, I)$，则由定理6.3.2得 (X_1, A_1)，$(X_2, A_2) \in OL(G, M, I)$，从而 $X_1 \in OL_G(G, M, I)$，所以 $OIL_G^{\perp}(G, M, I) \subseteq OL_G(G, M, I)$，因此 $OL_G(G, M, I) = OIL_G \perp (G, M, I)$。

对于任意的 $X_1 \in OL_G(G, M, I)$，存在 $A_1 \subseteq M$，使得 $(X_1, A_1) \in OL(G, M, I)$，则 $([X_1, X_1], [A_1, A_1]) \in OIL(G, M, I)$，所以 $X_1 \in OIL_G^{\top}(G, M, I)$，从而 $OL_G(G, M, I) \in OIL_G^{\top}(G, M, I)$。反之，对于任意的 $X_2 \in OIL_G^{\top}(G, M, I)$，存在 $X_1 \subseteq X_2$，相应的 A_1，$A_2 \subseteq M$ 且 $A_1 \subseteq A_2$，使得 $([X_1, X_2], [A_1, A_2]) \in OIL(G, M, I)$，则由定理6.3.2得 (X_1, A_1)，$(X_2, A_2) \in OL(G, M, I)$，则 $X_2 \in OL_G(G, M, I)$，所以 $OIL_G^{\top}(G, M, I) \in OL_G(G, M, I)$，从而 $OL_G(G, M, I) = OIL_G^{\top}(G, M, I)$。

综上，因此 OL_G $(G, M, I) = OIL_G^{\top}$ $(G, M, I) = OIL_G^{\perp}$ (G, M, I) 成立。

(2) 对于任意的 $A_1 \in OL_M$ (G, M, I)，存在 $X_1 \subseteq G$，使得 $(X_1, A_1) \in OL$ (G, M, I)，由定理6.3.1知 $([X_1, X_1], [A_1, A_1]) \in OIL$ (G, M, I)，从而 $A_1 \in OIL_M^{\perp}$ (G, M, I)，从而 OL_M $(G, M, I) \subseteq OIL_M^{\perp}$ (G, M, I)。反之，对于任意的 $A_1 \in OIL_M^{\perp}$ (G, M, I)，存在 $A_2 \subseteq M$ 使得 $A_1 \subseteq A_2$，则 $[A_1, A_2]$ 具有相应的外延 $\tilde{X} = [X_1, X_2]$，由定理6.3.2知 $(X_1, A_1) \in OL$ (G, M, I)，因此 $A_1 \in OL_M$ (G, M, I)，所以 $OIL_M^{\perp}$ $(G, M, I) \subseteq OL_M$ (G, M, I)。从而 OL_M $(G, M, I) = OIL_M^{\perp}$ (G, M, I)。

对于任意的 $A_1 \in OL_M$ (G, M, I)，存在 $X_1 \subseteq G$，使得 $(X_1, A_1) \in OL$ (G, M, I)，由定理6.3.1知 $([X_1, X_1], [A_1, A_1]) \in OIL$ (G, M, I)，从而 $A_1 \in OIL_M^{\perp}$ (G, M, I)，所以 OL_M $(G, M, I) \subseteq OIL_M^{T}$ (G, M, I)。反之，对于任意的 $A_2 \in OIL_M^{\perp}$ (G, M, I)，存在 $A_1 \subseteq M$，使得 $A_1 \subseteq A_2$，则 $[A_1, A_2]$ 具有相应的外延 $\tilde{X} = [X_1, X_2]$，使得 $([X_1, X_2], [A_1, A_2]) \in OIL$ (G, M, I)。由定理6.3.2知 $(X_2, A_2) \in OIL$ (G, M, I)。从而 $A_2 \in OL_M$ (G, M, I)。因此，$OIL_M^{\perp}$ $(G, M, I) \subseteq OL_M$ (G, M, I)，从而 OL_M $(G, M, I) = OIL_M^{\perp}$ (G, M, I)。

综上，因此 OL_M $(G, M, I) = OIL_M^{\perp}$ $(G, M, I) = OIL_M^{\perp}$ (G, M, I) 成立。

定理6.3.1及定理6.3.2从元素上研究了面向对象概念格与面向对象区间集概念格间的关系，而定理6.3.3从集合整体上进一步研究了两者之间的关系。下面我们将从代数结构上探讨两者之间的关系。

定理6.3.4　设 (G, M, I) 为一形式背景，OL (G, M, I) 为

其相应的面向对象概念格，$OIL(G, M, I)$ 为其相应面向对象区间集概念格，则存在一个映射 f: $OL(G, M, I) \to OIL(G, M, I)$ 使得 $f(OL(G, M, I))$ 是 $OIL(G, M, I)$ 的一个子格。

证明 对于任意的 $(X, A) \in OL(G, M, I)$，定义 $f(X, A) = ([X, X], [A, A])$。由定理 6.3.1 知 $([X, X], [A, A]) \in OIL(G, M, I)$，故 f 是从 $OL(G, M, I)$ 到 $OIL(G, M, I)$ 的一个映射，从而 $f(OL(G, M, I))$ 是 $OIL(G, M, I)$ 的一个非空子集。下面证明 $f(OL(G, M, I))$ 对 $\wedge$，$\vee$ 封闭。

(1) 对于任意的 $\mathfrak{R}_1$，$\mathfrak{R}_2 \in f(OL(G, M, I))$，存在 (X, A)，$(Y, B) \in OL(G, M, I)$，使得 $\mathfrak{R}_1 = f(X, A) = ([X, X], [A, A])$，$\mathfrak{R}_2 = f(\tilde{Y}, B) = ([Y, Y], [B, B])$，由定义 6.3.2 知 $\mathfrak{R}_1 \vee \mathfrak{R}_2 = ([X, X], [A, A]) \vee ([Y, Y], [B, B]) = ([X, X] \cup [Y, Y], ([A, A] \cup [B, B])^{\blacklozenge\blacksquare}) = ([X \cup Y, X \cup Y], [(A \cup B)^{\Diamond\Box}, (A \cup B)^{\Diamond\Box}])$，由面向对象概念格中的上下确界定义知，对于上述的 (X, A)，$(Y, B) \in OL(G, M, I)$，则 $(X, A) \vee (Y, B) = (X \cup Y, (A \cup B)^{\Diamond\Box})$ 且 $f((X, A) \vee (Y, B)) = ([X \cup Y, X \cup Y], [(A \cup B)^{\Diamond\Box}, (A \cup B)^{\Diamond\Box}])$，所以 $\mathfrak{R}_1 \vee \mathfrak{R}_2 \in f(OL(G, M, I))$。

(2) 对于任意的 $\mathfrak{R}_1$，$\mathfrak{R}_2 \in f(OL(G, M, I))$，存在 (X, A)，$(Y, B) \in f(OL(G, M, I))$，使得 $\mathfrak{R}_1 = f(X, A) = ([X, X], [A, A])$，$\mathfrak{R}_2 = f(Y, B) = ([Y, Y], [B, B])$，$\mathfrak{R}_1 \wedge \mathfrak{R}_2 = ([X, X], [A, A]) \wedge ([Y, Y], [B, B]) = (([X, X] \cap [Y, Y])^{\blacksquare\blacklozenge}, [A, A] \cap [B, B]) = ([X \cap Y, X \cap Y]^{\blacksquare\blacklozenge}, [A, A] \cap [B, B]) = ([(X \cap Y)^{\Box\Diamond}, (X \cap Y)^{\Box\Diamond}], [A \cap B, A \cap B])$。由面向对象概念格中上下确界的定义知，对于 (X, A)，$(Y, B) \in f(PL(G, M, I))$，$(X, A) \wedge (Y, B) = ((X \cap Y)^{\Box\Diamond}$，

$A\cap B)\in OL$（G，M，I）。因此，由f的定义知f（$(X, A)\wedge(Y, B)$）$=f$（$((X\cap Y)^{\square\Diamond}, A\cap B)$）$=([(X\cap Y)^{\square\Diamond}, (X\cap Y)^{\square\Diamond}], [A\cap B, A\cap B])=\mathfrak{R}_1\wedge\mathfrak{R}_2$，所以$\mathfrak{R}_1\wedge\mathfrak{R}_2\in OIL$（$G$，$M$，$I$）。故$f$对$\wedge$封闭。综上所述，$f$（$OL$（$G$，$M$，$I$））是的$OIL$（$G$，$M$，$I$）一个子格。

定理6.3.5　设（G，M，I）为一个形式背景，OL（G，M，I）为其相应的面向对象概念格，若对于任意的(X_1, A_1)，$(X_2, A_2)\in OL$（G，M，I）且对于任意的$A_1\in OL_M$（G，M，I），存在$X_1\subseteq G$，使得$X_1\subseteq X_2$，则$(\tilde{X}, \tilde{A})=([X_1, X_2], [A_1, A_2])\in OIL$（$G$，$M$，$I$）。

证明　由已知$X_1\subseteq X_2$，则$X_1^{\square}\subseteq X_2^{\square}$，即$A_1\subseteq A_2$，又由$(X_1, A_1)$，$(X_2, A_2)\in OL$（$G$，$M$，$I$），则$X_1^{\square}=A_1$，$A_1^{\Diamond}=X_1$且$X_2^{\square}=A_2$，$A_2^{\Diamond}=X_2$，于是有$\tilde{X}^{\blacksquare}=[X_1, X_2]^{\blacksquare}=[X_1^{\square}, X_2^{\square}]=[A_1, A_2]=A$，$\tilde{A}^{\blacklozenge}=[A_1, A_2]^{\blacklozenge}=[A_1^{\Diamond}, A_2^{\Diamond}]=[X_1, X_2]=\tilde{X}$。所以，$(\tilde{X}, \tilde{A})=([X_1, X_2], [A_1, A_2])\in OIL$（$G$，$M$，$I$）。

基于上述二者之间的关系，我们给出了面向对象区间集概念格的构造方法。

定理6.3.6　设（G，M，I）为一形式背景，OL（G，M，I）为其相应的面向对象概念格，OIL（G，M，I）为其相应的面向对象区间集概念格，则OIL（G，M，I）$=\{([X_1, X_2], [A_1, A_2])\mid X_1\subseteq X_2, (X_1, A_1), (X_2, A_2)\in OL(G, M, I)\}$。

证明　记$_{\mathfrak{R}}=\{([X_1, X_2], [A_1, A_2])\mid X_1\subseteq X_2, (X_1, A_1), (X_2, A_2)\in OL(G, M, I)\}$，由定理6.3.2知$OIL$（$G$，$M$，$I$）$\subseteq_{\mathfrak{R}}$，又由于定理6.3.5知$_{\mathfrak{R}}\subseteq OIL$（$G$，$M$，$I$），故$_{\mathfrak{R}}=OIL$（$G$，$M$，$I$）。

例6.3.3 设（G, M, I）为一形式背景（表6-1），下面根据定理6.3.6构造相应的面向对象区间集概念格。首先，通过定义6.3.2可计算出面向对象概念的外延为：Ø,{2},{12},{13},{123}。并由上述外延构成的区间集有：[Ø, Ø]，[Ø, 2]，[Ø, 12]，[Ø, 13]，[Ø, 123]，[2, 2]，[2, 12]，[2, 123]，[12, 12]，[12, 123]，[13, 13]，[13, 123]，[123, 123]。最后，由定理6.3.6知面向对象区间集概念有（[Ø, Ø]，[Ø, Ø]），（[Ø, 2]，[Ø, b]），（[Ø, 12]，[Ø, ab]），（[Ø, 13]，[Ø, c]），（[Ø, 123]，[Ø, abc]），（[2, 2]，[b, b]），（[2, 12]，[b, ab]），（[2, 123]，[b, abc]），（[13, 13]，[c, c]），（[12, 123]，[ab, abc]），（[12, 12]，[ab, ab]），（[13, 123]，[c, abc]），（[123, 123]，[abc, abc]）。另外，利用图6.3，可验证上述所求的面向对象概念正确。依据定理6.3.6，我们给出了相应的算法。

面向对象区间集概念格构造的算法——算法6-1：

（1）输入形式背景（G, M, I）;

（2）令 OIL（G, M, I）=Ø，OL（G, M, I）=Ø;

（3）调用求面向对象概念格的算法计算 OL（G, M, I）;

（4）While（X, A），（Y, B）∈ OL（G, M, I）

{

if（$X \subseteq Y$）

{ OIL（G, M, I）= OIL（G, M, I） {（[X, Y]，[A, B]）}

}

};

（5）输出面向对象区间集概念格 OIL（G, M, I）。

6.3.2　面向属性区间集概念格的定义、性质及构造

在形式背景中 G 和 M 的地位是等价的，所以我们可以利用类似的方法构造面向属性区间集概念格。本小节相关结论的证明类似可以得到。

定义 6.3.3　设 (G, M, I) 为一形式背景，对任意的 $\tilde{X} = [X_1, X_2] \in I(2^G)$，$\tilde{A} = [A_1, A_2] \in I(2^M)$，定义 $I(2^G)$ 与 $I(2^M)$ 之间的一对算子◆：$I(2^G) \to I(2^M)$ 和■：$I(2^G) \to I(2^M)$，其中 $\tilde{X}^{\blacklozenge} = [X_1^{\Diamond}, X_2^{\Diamond}] \in I(2^M)$；$\tilde{A}^{\blacksquare} = [A_1^{\Box}, A_2^{\Box}] \in I(2^G)$。

例 6.3.4　设 (G, M, I) 为一形式背景，其中 $G = \{1, 2, 3\}$，$\mathrm{M} = \{a, b, c\}$，取 $\tilde{X} = [3, 13] \in I(2^G)$，$\tilde{A} = [c, ac] \in I(2^M)$。根据定义 6.3.3，有 $[3, 13]^{\blacklozenge} = [3^{\Diamond}, 13^{\Diamond}] = [a, ac]$，$[c, ac]^{\blacksquare} = [c^{\Box}, ac^{\Box}] = [3, 13]$。

性质 6.3.2　设 (G, M, I) 为一形式背景，$\forall \tilde{X} = [X_1, X_2] \in I(2^G)$，$\tilde{A} = [A_1, A_2] \in I(2^M)$，则◆和■具有如下性质：

(1) $\tilde{X} \subseteq \tilde{Y} \Rightarrow \tilde{X}^{\blacklozenge} \subseteq \tilde{Y}^{\blacklozenge}$；

(2) $\tilde{A} \subseteq \tilde{B} \Rightarrow \tilde{A}^{\blacksquare} \subseteq \tilde{B}^{\blacksquare}$；

(3) $\tilde{X} \subseteq \tilde{X}^{\blacklozenge\blacksquare}$，$\tilde{A}^{\blacksquare\blacklozenge} \subseteq \tilde{A}$；

(4) $\tilde{X} = \tilde{X}^{\blacklozenge\blacksquare\blacklozenge}$，$\tilde{A}^{\blacksquare\blacklozenge\blacksquare} = \tilde{A}$；

(5) $(\tilde{X} \cup \tilde{Y})^{\blacklozenge} = \tilde{X}^{\blacklozenge} \cup \tilde{Y}^{\blacklozenge}$，$(\tilde{A} \cap \tilde{B})^{\blacksquare} = \tilde{A}^{\blacksquare} \cap \tilde{B}^{\blacksquare}$。

证明　由定义 6.3.3 容易证明此定理。

定义 6.3.4　设 (G, M, I) 为一形式背景，对于任意的 $\tilde{X} \in I(2^G)$，$\tilde{A} \in I(2^M)$，若 $\tilde{X}^{\blacklozenge} = \tilde{A}$ 且 $\tilde{A}^{\blacksquare} = \tilde{X}$，则称 $(\tilde{X}, \tilde{A})$ 为面向

属性区间集概念。其中，$\tilde{X}$称为面向属性区间集概念的外延，$\tilde{A}$称为面向属性区间集概念的内涵。

由例 6.3.4 知$\tilde{X}^{\blacklozenge}=[a, ac]=\tilde{A}$，$\tilde{A}^{\blacksquare}=[3, 13]=\tilde{X}$，所以由定义 6.3.4 知（$\tilde{X}$，$\tilde{A}$）是面向属性的区间集概念。

用 PIL（G，M，I）表示形式背景（G，M，I）的所有面向属性区间集概念构成的集合，PIL_G（G，M，I）和 PIL_M（G，M，I）分别表示所有面向属性区间集概念的外延和内涵构成的集合。定义 PIL（G，M，I）上的二元关系为：$(\tilde{X}, \tilde{A}) \leqslant (\tilde{Y}, \tilde{B}) \Leftrightarrow \tilde{X} \subseteq \tilde{Y}$ $(\tilde{A} \subseteq \tilde{B})$。容易证明 PIL（G，M，I）在上述的二元关系下形成一个完备格。即，$\forall$（$\tilde{X}$，$\tilde{A}$），（$\tilde{Y}$，$\tilde{B}$）的下确界和上确界分别为：$(\tilde{X}, \tilde{A}) \wedge (\tilde{Y}, \tilde{B}) = (\tilde{X} \cap \tilde{Y}, (\tilde{A} \cap \tilde{B}^{\blacksquare\blacklozenge}))$，$(\tilde{X}, \tilde{A}) \vee (\tilde{Y}, \tilde{B}) = ((\tilde{X} \cup \tilde{Y})^{\blacklozenge\blacksquare}, \tilde{A} \cup \tilde{B})$。

例 6.3.5 表 6-1 的所有面向属性区间集概念及其相应的面向属性区间集概念格 PIL（G，M，I）如图 6-2 所示。

定理 6.3.7 设（G，M，I）为一形式背景，若 $(X_1, A_1) \in PL$ (G, M, I)，则 $([X_1, X_1], [A_1, A_1]) \in PIL$ (G, M, I)。

定理 6.3.8 设（G，M，I）为一形式背景，若 $(\tilde{X}, \tilde{A}) = ([X_1, X_2], [A_1, A_2]) \in PIL$ (G, M, I)，则 (X_1, A_1)，$(X_2, A_2) \in PL$ (G, M, I)。

为了研究面向属性概念格与面向属性区间集概念格之间的关系，记

$PIL_G^{\perp}(G, M, I) = \{X_1 \mid [X_1, X_2] \in PIL_G(G, M, I)\}$；

$PIL_G^{\top}(G, M, I) = \{X_2 \mid [X_1, X_2] \in PIL_G(G, M, I)\}$；

$PIL_M^{\perp}(G, M, I) = \{A_1 \mid [A_1, A_2] \in PIL_M(G, M, I)\}$；

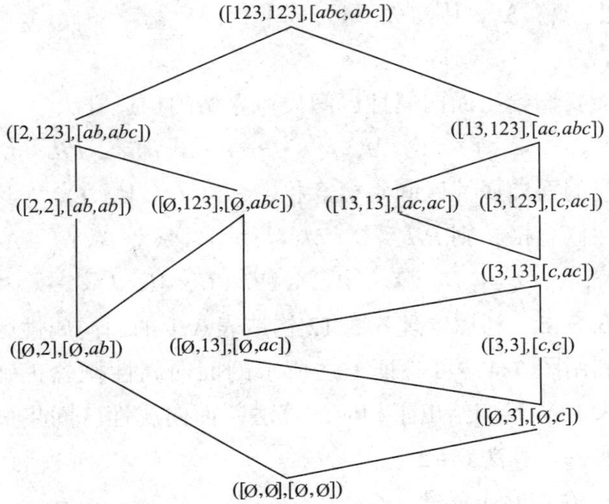

图 6－2　面向属性区间集概念格

$PIL_M^{\top}(G, M, I) = \{A_2 \mid [A_1, A_2] \in PIL_M(G, M, I)\}$。

定理 6.3.9　设 (G, M, I) 为一个形式背景，$PIL(G, M, I)$ 为其相应的面向属性区间集概念格，$PL(G, M, I)$ 为其相应的面向属性概念格，则下列式子成立：

(1) $PL_G(G, M, I) = PIL_G^{\perp}(G, M, I) = PIL_G^{\top}(G, M, I)$；

(2) $PL_M(G, M, I) = PIL_M^{\perp}(G, M, I) = PIL_M^{\top}(G, M, I)$。

证明　用类似定理 6.3.3 的方法证明此定理。

定理 6.3.10　设 (G, M, I) 为一个形式背景，$PIL(G, M, I)$ 为其相应的面向属性的区间集概念格，$PL(G, M, I)$ 为其相应的面向属性概念格，则存在一个映射 f: $PL(G, M, I) \rightarrow PIL(G, M, I)$ 使得 $f(PL(G, M, I))$ 是 $PIL(G, M, I)$ 的一个子格。

定理 6.3.11　设 (G, M, I) 为一个形式背景，$PL(G, M, I)$ 为其相应的面向属性概念格，$\forall (X_1, A_1), (X_2, A_2) \in PL(G,$

M, I) 且 $X_1 \subseteq X_2$，则（$\tilde{X}$, $\tilde{A}$）=（[X_1, X_2], [A_1, A_2]）$\in PIL$（G, M, I）。

下面我们给出面向属性区间集概念格的构造方法。

定理6.3.12 设（G, M, I）为一个形式背景，PIL（G, M, I）为其相应的面向属性区间集概念格，PL（G, M, I）为其相应的面向属性概念格，则 PIL（G, M, I）= {（[X_1, X_2], [A_1, A_2]）| $X_1 \subseteq X_2$,（X_1, A_1），（X_2, A_2）$\in PL$（G, M, I）}。

例6.3.6 利用定理6.3.12构造表6.1的面向属性区间集概念格。利用图6.4，可验证上述所求的面向属性概念正确。依据定理6.3.12，我们给出了相应的算法。面向属性区间集概念格构造的算法——算法6-2：

（1）输入形式背景（G, M, I）;

（2）令 PIL（G, M, I）= Ø，PL（G, M, I）= Ø;

（3）调用求面向属性概念格的算法计算 PL（G, M, I）;

（4）While（X, A），（Y, B）$\in PL$（G, M, I）

{

if ($X \subseteq Y$)

{PIL（G, M, I）= PIL（G, M, I） {（[X, Y], [A, B]）}

}

};

（5）输出面向属性区间集概念格 PIL（G, M, I）。

6.4 多粒度区间集概念格

将粗糙集的上、下近似及区间集引入到形式概念分析中，得到新的概念格模型：面向对象（属性）区间集概念格及区间集概念格。如上已有的研究都是基于属性的单一粒度展开的。在现实生活中属性值分类（即层次属性值）是广泛存在的。如，时间属性日、月、季、年等具有层次特征的属性性质。因此，我们有必要在已有的区间集概念和面向属性（对象）区间集概念研究属性粒化问题。基于多粒度形式背景，我们研究了三种区间形式概念之间的内在联系，本节研究粒化前后区间集概念之间的关系；最后在多粒形式背景下，进一步研究了面向对象（属性）区间集概念之间的内在联系。

6.4.1 区间形式概念格的粒化

定义 6.4.1 （1）设 (G, M_1, I_1)，(G, M_2, I_2) 为两形式背景，若对 M_1 中任一属性 a，存在 M_2 中属性子集 $\{a_i\}_{i\in I}$ 使得 $\{a_i^{\downarrow}, i \in I\}$ 是 $a^{\downarrow}$ 的划分，则称 (G, M_2, I_2) 是 (G, M_1, I_1) 的细化背景，称 $\{a_i\}_{i\in I}$ 为 a 的属性细化之集，a 为 $\{a_i\}_{i\in I}$ 的泛化属性。

（2）称 $(G, M_k, I_k)_{k\in K}$（K 是正整数子集）为一多粒度形式背景，若 $k_1 \leqslant k_2$（$k_1, k_2 \in K$），(G, M_{k_2}, I_{k_2}) 是 (G, M_{k1}, I_{k1}) 的细化背景。

定义 6.4.2 设 $(G, M_k, I_k)_{k\in K}$ 为一多粒度形式背景，对于任意的 $y \in M_1$，y 的属性粒度树 T_y 是一满足如下条件的属性之集。

（1）粒度树 T_y 的根节点是 y；

（2）粒度树 T_y 上的每一个节点 z 都是 y 的细化属性；

（3）若节点 $z_1, \cdots, z_n$ 是节点 z 的后继，则 $\{z_1^{\downarrow}, \cdots, z_n^{\downarrow}\}$ 是 $z^{\downarrow}$ 的划分，这里 $z^{\downarrow}$ 表示具有属性 z 的对象之集。

例 6.4.1 多粒度形式背景 $(G, M_k, I_k)_{k=1,2}$ 如表 6-2 所示，对象集 $G = \{1, 2, 3, 4\}$，属性集 $M_1 = \{a, b, c, d\}$，

$M_2=\{a_1, a_2, b, c, d\}$，属性 a 的两个后继是 a_1，a_2，属性 a 的粒度树如图 6－3 所示。

表 6－2　多粒度形式背景 $(G, M_k, I_k)_{k=1,2}$

G	a	b	c	d	G	a_1	a_2	b	c	d
1	×		×	×	1	×			×	×
2	×	×			2		×	×		
3			×		3				×	
4	×	×			4	×		×		

定义 6.4.3　设 y 是一属性，y 的粒度树 T_y 上的一截枝（cut）是满足如下条件的节点之集 C：对于每一叶结点 u，从根结点 y 到叶节点 u 的路径上，存在唯一的节点属于 C。

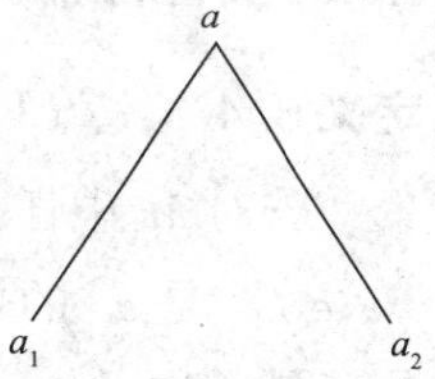

图 6－3　属性 a 的粒度树

例 6.4.2　$\{a\}$ 和 $\{a_1, a_2\}$ 是粒度树 T_a 仅有的两个截枝。

下面给出同一个粒度树下的两个截枝粗细关系的定义。

定义 6.4.4　设 $C_1=\{y_1, \cdots y_n\}$，$C_2=\{z_1, \cdots, z_m\}$ 是同一粒度树的两个截枝，如果 $\{y_1^{\downarrow}, \cdots, y_n^{\downarrow}\}$ 是 $\{z_1^{\downarrow}, \cdots, z_m^{\downarrow}\}$ 的一个划分，即：对于每一个 y_i 都存在 z_j 使得 $y_i^{\downarrow}\subseteq z_j^{\downarrow}$，则称 C_1 细于 C_2，记作 $C_1\leqslant C_2$。

在例 6.4.1 中，我们有 $\{a_1, a_2\}\leqslant\{a\}$。

设 (G, M, I) 为一形式背景，对于每一个属性 $y\in M$，有一个粒度树 T_y，C_y 是粒度树 T_y 上的一个截枝，记 $C^*=\{C_y \mid y\in M\}$，并称 C^* 为属性层次。C^* 可以诱导一形式背景 (G, M_{C^*}, I_{C^*})，其中 $M_{C^*}=\cup_{y\in Y}C_y$，对于每一个 $z\in M_{C^*}$，$(x, z)\in I_{C^*}$ 当且仅当 $x\in z\downarrow$。

任取两个不同的属性层次 C_1^* 和 C_2^*，若对于任意的 $y \in M$，有 $C_{1y} \leqslant C_{2y}$，其中 $C_{1y} \in C_1^*$，$C_{2y} \in C_2^*$，称 C_1^* 细于 C_2^*。记作 $C_1^* \leqslant C_2^*$。

定理 6.4.1 如果 $C_1^* \leqslant C_2^*$，对于每一个 $(A, B) \in L(G, M_{C_2^*}, I_{C_2^*})$ 存在唯一的 $\{(A_k, B_k) \in L(G, M_{C_1^*}, I_{C_1^*}), k \in K\}$ 使得 $\cup_{k \in K} A_k = A$ 且 A_k 两两不交。

例 6.4.3 形式背景 (G, M, I)（表 6-2）的区间集概念格如图 6-4 所示。

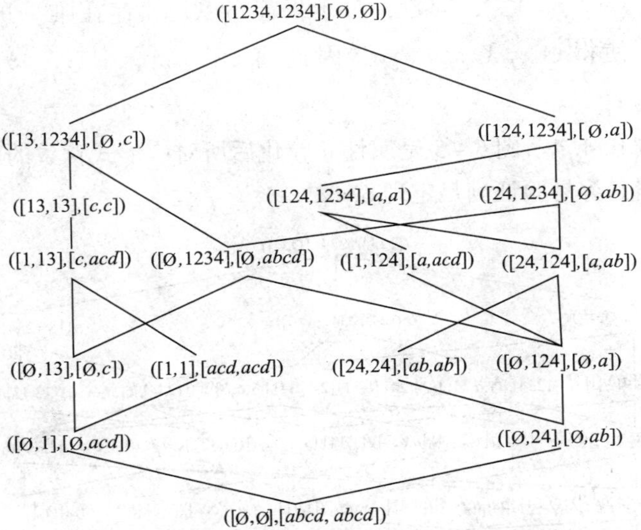

图 6-4 粒化前的区间集概念格

利用形式背景的属性粒化思想，可以得到一个多粒度形式背景，下面给出粒化前后区间集概念之间的关系。

定理 6.4.2 设 (G, M, I) 为一形式背景，粒度 $C_1^* \leqslant C_2^*$，$(G, M_{C_1^*}, I_{C_1^*})$，$(G, M_{C_2^*}, I_{C_2^*})$ 的区间集概念外延分别记为 $EXT_{IL_{C_1^*}}$ 和 $EXT_{IL_{C_2^*}}$，则对于任意的 $[X_{C_2^*}, Y_{C_2^*}] \in EXT_{IL_{C_2^*}}$，则存

在唯一的 $[X_{C_{1_k}^*}, Y_{C_{1_k}^*}] \in EXT_{ILC_1^*}$，$k \in K$，$k' \in K'$，使得 $\cup_{k \in K, k \in K'}$ $[X_{C_{1_k}^*}, Y_{C_{1_{k'}}^*}] = [X_{C_1^*}, Y_{C_2^*}]$。

证明 （1）若 $[X_{C_2^*}, Y_{C_2^*}] = [\varnothing, \varnothing]$，则（$[\varnothing, \varnothing]$，$[M_{C_2^*}, M_{C_2^*}]$）$\in EXT_{IL_{C_2^*}}$，存在（$[\varnothing, \varnothing]$，$[M_{C_1^*}, M_{C_1^*}]$）$\in EXT_{ILC_1^*}$，结论成立。

（2）若 $[X_{C_2^*}, Y_{C_2^*}] \neq [\varnothing, \varnothing]$，且 $[X_C, Y_{C_2^*}] \in EXT_{IL_{C_2^*}}$，由区间集定义及定理6.2.1知 $X_{C_2^*} \subseteq Y_{C_2^*}$ 且有 $X_{C_2^*}$，$Y_{C_2^*} \in EXTL_{C_2^*}$。由定理6.4.1知，对于任意的 $Y_{C_2^*}$，存在唯一的 $Y_{C_{1_{k'}}^*}$，$k' \in K'$，使得 $\cup_{k' \in K'} Y_{C_{1_{k'}}^*} = Y_{C_2^*}$；同理，对于任意的 $X_{C_2^*}$，存在唯一的 $X_{C_{1_k}^*}$，$k \in K$，使得 $\cup_{k \in K} X_{C_{1_k}^*} = X_{C_2^*}$，因此有 $\cup_{k \in K, k' \in K'}$ $[X_{C_{1_k}^*}, Y_{C_{1_{k'}}^*}] = [X_{C_2^*}, Y_{C_2^*}]$。

例6.4.4 图6-5是属性 a 粒化后所对应形式背景的区间集概念格。容易验证满足定理6.4.2。

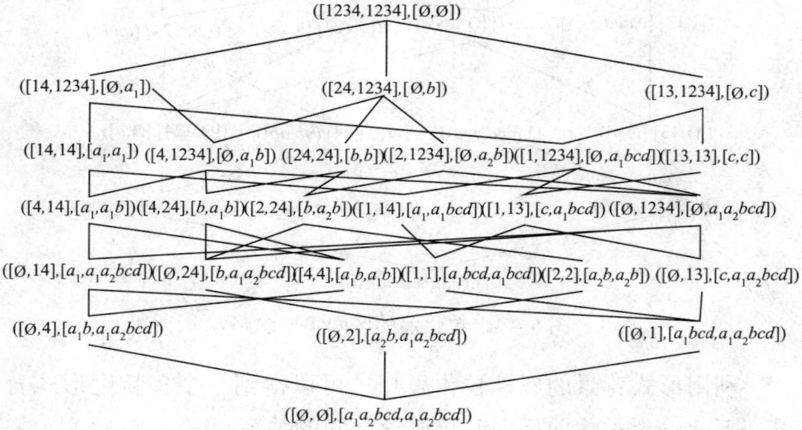

图6-5 粒化后背景的区间集概念格

定理6.4.3 设（G，M，I）为一形式背景，粒度 $C_1^* \leqslant C_2^*$，则 PIL_G（G，$M_{C_2^*}$，$I_{C_2^*}$）$\subseteq PIL_G$（G，$M_{C_1^*}$，$I_{C_1^*}$）。

证明 任取$\tilde{X}=[X_1, X_2]\in PIL_G(G, M_{C_2^*}, I_{C_2^*})$，则存在$\tilde{Y}=[Y_1, Y_2]\in PIL_M(G, M_{C_2^*}, I_{C_2^*})$，则由定理6.3.8知$(X_1, A_1)$，$(X_2, A_2)\in PL(G, M_{C_1^*}, I_{C_1^*})$。设$Y_1^{\ominus}=X_1^{\diamond C_1^*}$且$Y_2^{\ominus}=X_2^{\diamond C_2^*}$，$Y_1^{\ominus}\subseteq Y_2^{\ominus}$，(因为$X_1\subseteq X_2$)，下面首先证明$Y_1^{\ominus}$，$Y_2^{\ominus}$分别是$Y_1$，$Y_2$的细化之集。任取$m\in Y_1^{\ominus}$，由$Y_1^{\ominus}=X_1^{\diamond C_1^*}$知存在x $\in X_1$使得$xI_{C_1^*}m$，由于m属性y ($y\in M_{C_2^*}$) 的细化属性。于是$xI_{C_2^*}m$，又因$Y_1^{\ominus}=X_1^{\diamond C_2^*}$，则$y\in Y$，所以$Y_1^{\ominus}$是$Y_1$的细化。同理可证$Y_2^{\ominus}$是$Y_2$的细化。其次要证明$(X_1, Y_1^{\ominus})$，$(X_2, Y_2^{\ominus})\in PL(G, M_{C_1^*}, I_{C_1^*})$。根据$Y_1^{\ominus}$，$Y_2^{\ominus}$的构造，只要证明$Y_1^{\ominus\Box c_1^*}=X_1$，$Y_2^{\ominus\Box c_2^*}=X_2$。任取$x\in Y_1^{\ominus\Box c_1^*}$，因为$X_1=Y_1^{\ominus\Box c_2^*}$，只需说明$x\in Y_1^{\ominus\Box c_2^*}$（即，对于任意的$y\in M_{C_2^*}$且$xI_{C_2^*}y$，则$y\in Y$）若$xI_{C_2^*}y$，则存在$y$的细化属性$y_i$，使得$xI_{C_2^*}y_i$，则$y\in Y_1^{\ominus}$，又因为$Y_1^{\ominus}=X_1^{\diamond C_1^*}$，则存在$z\in X_1$使得$zI_{C_1^*}y_i$，从而$zI_{C_2^*}y$，根据$X_1^{\diamond C_2^*}=Y_1$，从而$y\in Y$，所以$Y_1^{\ominus\Box c_1^*}\subseteq X_1$。

反之，由$Y_1^{\ominus}=X_1^{\diamond C_1^*}$且$X_1\subseteq X_1^{\diamond C_1^*\Box C_1^*}$，从而$X\subseteq Y_1^{\ominus\Box c_1^*}$，所以$Y_1^{\ominus\Box c_1^*}=X_1$。同理可以说明$Y_2^{\ominus\Box c_1^*}=X_2$。因此$(X_1, Y_1^{\ominus})$，$(X_2, Y_2^{\ominus})\in PL(G, M_{C_1^*}, I_{C_1^*})$。最后因为$X_1\subseteq X_2$且$Y_1^{\ominus}\subseteq Y_2^{\ominus}$，由定理6.3.12知$([X_1, X_2], [Y_1^{\ominus}, Y_2^{\ominus}])$，所以$\tilde{X}=[X_1, X_2]\in PIL_G(G, M_{C_1^*}, I_{C_1^*})$，从而$PIL_G(G, M_{C_2^*}, I_{C_2^*})\subseteq PIL_G(G, M_{C_1^*}, I_{C_1^*})$。

定理6.4.4 设(G, M, I)为一形式背景，粒度$C_1^*\leqslant C_2^*$，则$OIL_G(G, M_{C_2^*}, I_{C_2^*})\subseteq OIL_G(G, M_{C_1^*}, I_{C_1^*})$。

证明 任取$\tilde{X}=[X_1, X_2]\in OIL_G(G, M_{C_2^*}, I_{C^*})$，则存在$\tilde{Y}=[Y_1, Y_2]\in OIL_M(G, M_{C_2^*}, I_{C_2^*})$，使得$\tilde{X}^{\blacksquare}=\tilde{Y}$且$\tilde{Y}^{\blacklozenge}=\tilde{X}$，所以有$X_1^{\Box}=Y_1$，$Y_1^{\diamond}=X_1$且$X_2^{\Box}=Y_2$，$Y_2^{\diamond}=X_2$。首先由$X_1^{\Box}=Y_1$，$Y_1^{\diamond}=X_1$，设$Y_1=\{y_1, \cdots, y_p\}$，用$Y_i^{*1}=\{y_{i1}, \cdots, y_{ip}\}$ $(i=1,$

2，…，p）表示$M_{C_1^*}$中细化属性之集，其中$y_i \in M_{C_2^*}$表示$M_{C_1^*}$中细化的属性之集，其中$y_i \in M_{C_2^*}$。构造$Y_1^{\ominus}=\{y_1 \in M_{C_1^*} \mid y \notin \cup Y_1^*, y^{\downarrow} \subseteq X_1\}$且$Z_1=\cup Y_{\mathrm{i}}^{*1} \cup Y_1^{\ominus}$。下面证明$X_1^{\square}=Z_1$且$Z_1^{\diamond}=X_1$（即$(X_1, Z_1) \in OL(G, M_{C_1^*}, I_{C_1^*})$）任取由$Z_1$及$Y_1^{\ominus}$的定义知$z \in Z_1$，从而$X_1^{\square} \subseteq Z_1$；反之，任取$z \in Z_1$，则存在$Y_i^{*1}$使得$z \in Y_i^{*1}$或者$z \in Y_1^{\ominus}$。若$z \in Y_{\mathrm{i}}^{*1}$，则$xI_{C_1^*}z$，必有$xI_{C_2^*}y_i$，由于$(X_1, Y_1) \in OL(G, M_{C_2^*}, I_{C^*})$知$x \in X_1$，从而$z \in X_1^{\square}$，所以$Z_1 \subseteq X_1^{\square}$，因此$X_1^{\square}=Z_1$。另一方面，任取$x \in X$，由$Y_1^{\diamond}=X_1$知存在$y_i \in Y_1$有$xI_{C_2^*}y_i$，又因为$y_{i1}^{\downarrow}$，…，$y_{in_i}^{\downarrow}$是$y_i^{\downarrow}$的划分，则存在$y_{ij}$使得$xI_{C_1^*}y_{ij}$，即$xI_{C_1^*}y \cap Z_1 \neq \emptyset$，从而$x \in Z_1^{\diamond}$，所以$X_1 \subseteq Z_1^{\diamond}$，反之，假设$x \in Z^{\diamond}$且满足$x \notin X_1$，由$x \in Z_1^{\diamond}$知存在$x \in Z_1$，$xI_{C_1^*}z$，由上述证明的$X_1^{\square}=Z_1$知$x \in X_1$与假设矛盾，因此，$Z_1^{\diamond} \subseteq X_1$，从而$Z_1^{\diamond}=X_1$。对于$X_2$可以利用上述的方法构造$Z_2$，其中$Y_2^{\ominus}=\{y \in M_{C_1^*} \mid y \notin \cup Y_i^{*1}, y^{\downarrow} \subseteq X_2\}$且满足$Z_2=\cup Y_i^{*1} \cup Y_2^{\ominus}$和$Z_1 \subseteq Z_2$，同理可证明$(X_2, Z_2) \in OL(G, M_{C_1^*}, I_{C_1^*})$，由定理6.3.6知$([X_1, X_2], [Z_1, Z_2]) \in OIL_G(G, M_{C_2^*}, I_{C_1^*})$，即$[X_1, X_2] \in OIL_G(G, M_{C_1^*}, I_{C_1^*})$，所以$OIL_G(G, M_{C_2^*}, I_{C_2^*}) \subseteq OIL_G(G, M_{C_1^*}, I_{C_1^*})$。

例6.4.5 多粒度形式背景$(G, M_k, I_k)_{k=1,2}$如表6-3所示，对象集$G=\{1, 2, 3\}$，属性集$M_1=\{a, b, c\}$，$M_2=\{a_1, a_2, b, c\}$，属性a的两个后继是a_1，a_2。

表6-3 多粒度形式背景$(G, M_k, I_k)_{k=1,2}$

G	a	b	c	G	a_1	a_2	b	c
1	×		×	1	×			×
2	×	×		2		×	×	
3			×	3				×

表6-3中粒化前形式背景(G, M_1, I_1)的面向属性区间集

概念的外延有［Ø，Ø］,［Ø，2］,［Ø，3］,［Ø，13］,［Ø，123］,［2，2］,［2，123］,［3，3］,［3，13］,［3，123］,［13，13］,［13，123］,［123，123］。粒化后形式背景的面向属性区间集概念除了有上述的外延，还有［Ø，23］,［2，23］,［3，23］,［23，23］,［23，123］，显然满足定理6.4.3。表6－3中粒化前形式背景的面向对象区间集概念的外延有［Ø，Ø］,［Ø，2］,［Ø，12］,［Ø，13］,［Ø，123］,［2，2］,［2，12］,［2，123］,［12，12］,［12，123］,［13，13］,［13，123］,［123，123］，粒化后形式背景的面向对象区间集概念除了有上述的外延，还有［Ø，1］,［Ø，12］,［1，1］,［1，12］,［1，13］，显然满足定理6.4.4。

6.5　小结

由于信息的不完备性及区间集可以描述部分已知概念，因此将区间集引入到形式概念分析中。于是定义了区间集概念格并研究了它的性质及构造方法，及给出了相应的构造算法。同时，将Yao提出的面向对象算子引入到区间集概念格中，给出了面向对象区间概念格的定义、性质及构造，同时探讨了面向对象区间集概念格与面向对象概念格之间的关系；类似地，给出了面向属性区间集概念格的定义、性质及构造，探讨了面向对象区间集概念格与面向属性概念格之间的关系；其次，研究了属性粒化前后区间集概念格之间的关系，证明了粒化后的区间集概念格可以通过粒化前的区间集概念格生成。最后，研究了面向属性（对象）区间集概念格粒化前后概念的内在联系。

第 7 章　几种概念格之间的联系

同一个形式背景，不同的伽略瓦连接可以得到不同完备格。即使不同背景或从经典形式背景到模糊形式背景、经典集合到区间集，由于内部算子之间有一定联系。因此，经典概念格、三支概念格、面向对象（属性）概念格、三支面向对象（属性）概念格、*L*-模糊三支概念格以及区间形式的概念格之间一定存在着某些必然的联系。本章主要研究这几种不同概念格之间的关系。

7.1　引言

在给出各种概念格之间的联系之前，我们分析一下前几章所涉及的内容。

首先，在第 3 章中，对象（属性）诱导的三支概念格可通过Ⅰ-型（Ⅱ-型）混合形式背景的概念格构造，而Ⅰ-型（Ⅱ-型）混合形式背景恰是形式背景与其补背景的同构背景的并置（叠置）构成. Wille 在文献中提出了同构的背景具有同构的概念格及概念格图到其并置（叠置）的概念格图是线性嵌入的关系，从而经典概念格与三支概念格之间存在必然的联系。

其次，在第 4 章中，对象（属性）诱导的三支面向对象（属性）概念格可通过Ⅰ-型（Ⅱ-型）混合形式背景的面向对象（属性）概念格构造，而Ⅰ-型（Ⅱ-型）混合形式背景恰是形式背景与其补背景的同构背景的并置（叠置）构成。很容易探究同构的背景的面向对象（属性）概念格之间的关系以及面向对象（属性）概念格与其并置（叠置）的面向对象（属性）概念格的关系。从而面向对象（属性）概念格与三支面向对象（属性）概念格之间存在必然的联系。

然后，由第3章与第4章的内容可知，三支概念格与三支面向对象（属性）概念格分别同构于同一形式背景的概念格与面向对象（属性）概念格。第一章中介绍了形式背景的补背景的概念格与其面向对象（属性）概念格间是同构（反同构）的关系，且根据Ⅰ-型（Ⅱ-型）混合形式背景的构造，我们很容易证明与其补背景是同构的。因此，三支概念格与三支面向对象（属性）概念格之间存在着必然的联系。

最后，第5章所提的L-模糊三支概念格是模糊形式背景结合三支决策提出来的。然而，三支概念格是经典背景结合三支决策而产生的。而模糊形式背景与经典形式背景之间有着必然的联系。因此，三支概念格与L-模糊三支概念格之间存在着必然的联系。区间集是经典集合的泛化，而又内部算子之间有着必然的联系，因此概念格与区间形式的概念格之间也有着必然的联系。

7.2　经典概念格与三支概念格的关系

设(G, M, I)为形式背景，(G, M, I^c)为其补背景，其中$I^c=(G\times M)\setminus I$。本节将主要研究$\underline{\mathcal{B}}(G, M, I)$与$OEL(G, M, I)$，$AEL(G, M, I)$间的关系。

7.2.1　经典概念格与对象诱导的三支概念格的关系

本小节将研究$\underline{\mathcal{B}}(G, M, I)$与$OEL(G, M, I)$的关系。

首先给出这两个格中元素之间的关系。

定理 7.2.1 设 (G, M, I) 为形式背景，(G, M, I^c) 为其补背景，其中 $I^c = (G\times M)\setminus I$。若 $(X, A)\in\underline{\mathcal{B}}(G, M, I)$ 及 $(Y, B)\in\underline{\mathcal{B}}(G, M, I^c)$，则 $(X, (A, X^{I^c}))\in OEL(G, M, I)$ 且 $(Y, (Y^I, B))\in OEL(G, M, I)$。

证明 因为 $(X, A)\in\underline{\mathcal{B}}(G, M, I)$，所以 $X^I=A$，$A^I=X$。由算子性质知，$X\subseteq X^{I^cI^c}$。因此，$A^I\cap X^{I^cI^c}=X\cap X^{I^cI^c}=X$。由 OE-概念的定义知，$(X, (A, X^{I^c}))$ 是 OE-概念。

类似地，因为 $(Y, B)\in\underline{\mathcal{B}}(G, M, I^c)$，所以 $Y^{I^c}=B$，$B^{I^c}=Y$。由算子性质知，$Y\subseteq Y^{II}$。因此，$B^{I^c}\cap Y^{II}=Y\cap Y^{II}=Y$。由 OE-概念的定义知，$(Y, (Y^I, B))$ 是 OE-概念。

定理 7.2.2 设 (G, M, I) 为形式背景，(G, M, I^c) 为其补背景，其中 $I^c=(G\times M)\setminus I$。若 $(X, (A, B))\in OEL(G, M, I)$，则 $(A^I, A)\in\underline{\mathcal{B}}(G, M, I)$ 且 $(B^{I^c}, B)\in\underline{\mathcal{B}}(G, M, I^c)$。

证明 因为 $(X, (A, B))\in OEL(G, M, I)$，所以由 OE-概念的定义知，$X^I=A$，$X^{I^c}=B$ 且 $A^I\cap B^{I^c}=X$，因此，$A\in\underline{\mathcal{B}}_M(G, M, I)$ 且 $B\in\underline{\mathcal{B}}_M(G, M, I^c)$。因此，$(A^I, A)\in\underline{\mathcal{B}}(G, M, I)$ 且 $(B^{I^c}, B)\in\underline{\mathcal{B}}(G, M, I^c)$。

接着，我们将研究$\underline{\mathcal{B}}(G, M, I)$ 与 $OEL(G, M, I)$ 作为集合之间的关系。为了叙述方便，记 $OEL_M^+(G, M, I)=\{A\mid(X, (A, B))\in OEL(G, M, I)\}$ 及 $OEL_M^-(G, M, I)=\{B\mid(X, (A, B))\in OEL(G, M, I)\}$。

定理 7.2.3 设 (G, M, I) 为形式背景，(G, M, I^c) 为其补背景，其中 $I^c=(G\times M)\setminus I$。则下列式子成立：

(1) $\underline{\mathcal{B}}_G(G, M, I)\subseteq OEL_G(G, M, I)$；

(2) $\underline{\mathcal{B}}_G(G, M, I^c)\subseteq OEL_G(G, M, I)$；

(3) $\underline{\mathcal{B}}_M(G, M, I)=OEL_M^+(G, M, I)$；

(4) $\underline{\mathcal{B}}_M(G, M, I^c) = OEL_M^-(G, M, I)$。

证明 (1) 对于任意的 $X \in \underline{\mathcal{B}}_G(G, M, I)$，故 $(X, X^I) \in \underline{\mathcal{B}}(G, M, I)$。由定理7.2.1知 $(X, (X^I, X^{I^c})) \in OEL(G, M, I)$，故 $X \in OEL_G(G, M, I)$。因此，$\underline{\mathcal{B}}_G(G, M, I) \subseteq OEL_G(G, M, I)$。

(2) $\underline{\mathcal{B}}_G(G, M, I^c) \subseteq OEL_G(G, M, I)$ 类似(1)证明。

(3) 对于任意的 $A \in \underline{\mathcal{B}}_M(G, M, I)$，故 $(A^I, A) \in \underline{\mathcal{B}}(G, M, I)$。由定理7.2.1知 $(A^I, (A, A^{II^c})) \in OEL(G, M, I)$，故 $A \in OEL_M^+(G, M, I)$。因此，$\underline{\mathcal{B}}_M(G, M, I) \subseteq OEL_M^+(G, M, I)$。另外，对于任意的 $A \in OEL_M^+(G, M, I)$，存在 $X \subseteq G$，$B \subseteq M$ 使得 $(X, (A, B)) \in OEL(G, M, I)$。由定理7.2.2知 $(A^I, A) \in \underline{\mathcal{B}}(G, M, I)$。故 $A \in \underline{\mathcal{B}}_M(G, M, I)$。从而 $\underline{\mathcal{B}}_M(G, M, I) \supseteq OEL_I^+(U, V, R)$。因此，$\underline{\mathcal{B}}_M(G, M, I) = OEL_M^+(G, M, I)$。

(4) $\underline{\mathcal{B}}_M(G, M, I^c) = OEL_M^-(G, M, I)$ 类似(3)证明。

通过定理7.2.3知，$\underline{\mathcal{B}}_G(G, M, I) \cup \underline{\mathcal{B}}_G(G, M, I^c) \subseteq OEL_G(G, M, I)$ 显然成立。若 (G, M, I) 为第3章例3.2.1中形式背景，则我们很容易看到 $\underline{\mathcal{B}}_G(G, M, I) \cup \underline{\mathcal{B}}_G(G, M, I^c) = OEL_G(G, M, I)$。自然地存在这样一个问题：$\underline{\mathcal{B}}_G(G, M, I) \cup \underline{\mathcal{B}}_G(G, M, I^c) = OEL_G(G, M, I)$ 是否成立。下面的例子表明，此等式不一定成立。

例7.2.1 形式背景 (G, M, I) 如表7-1所示且其补背景 (G, M, I^c) 如表7-2所示。对象集 $G = \{1, 2, 3, 4\}$，属性集 $M = \{a, b, c, d, e\}$。相应的概念格 $\underline{\mathcal{B}}(G, M, I)$，$\underline{\mathcal{B}}(G, M, I^c)$ 及 $OEL(G, M, I)$ 分别如图7-1、图7-2及图7-3所示。因为 $\{1, 2\} \in OEL_G(G, M, I)$，但 $\{1, 2\} \notin \underline{\mathcal{B}}_G(G, M, I) \cup \underline{\mathcal{B}}_G(G, M, I^c)$，所以 $\underline{\mathcal{B}}_G(G, M, I) \cup \underline{\mathcal{B}}_G(G, M, I^c) = OEL_G(G, M, I)$ 不成立。

表 7－1　形式背景（G，M，I）

G	a	b	c	d	e
1	×	×	×	×	
2	×	×	×		
3	×	×	×		×
4				×	

表 7－2　表 7－1 的补背景（G，M，I^c）

G	a	b	c	d	e
1					×
2				×	×
3				×	
4	×	×	×		×

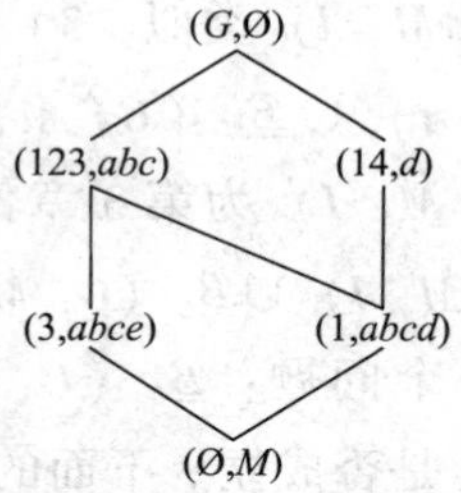

图 7－1　表 7－1 的概念格 $\underline{\mathcal{B}}$（G，M，I）

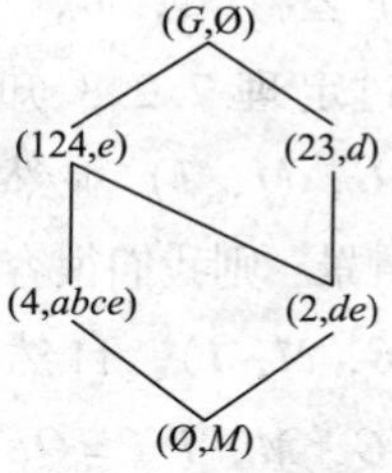

图 7－2　表 7－2 的概念格 $\underline{\mathcal{B}}$（G，M，I^c）

定理 7.2.1 与定理 7.2.3 分别在元素及集合整体上研究了经典概念格与对象诱导的三支概念格间的关系。下面，我们将从代数结构上探讨两者间的关系。

定理 7.2.4　设（G，M，I）为形式背景，（G，M，I^c）为其补背景，其中 $I^c=(G\times M)\setminus I$。则下列说法成立：

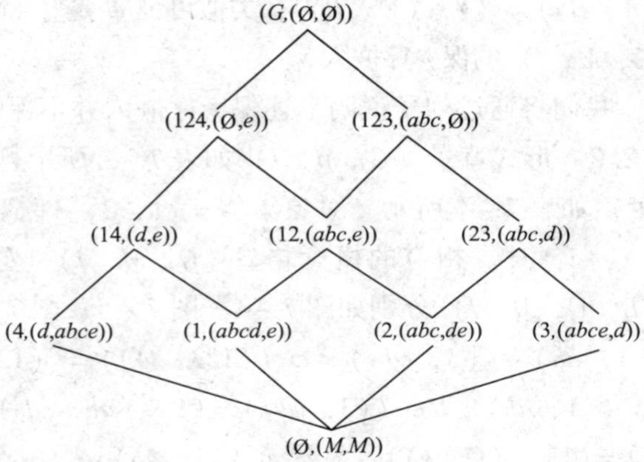

图 7－3　表 7－2 的三支概念格 OEL（G, M, I）

（1）存在$\underline{\mathfrak{B}}$（G, M, I）到 OEL（G, M, I）的保 ∧ 序嵌入；

（2）存在$\underline{\mathfrak{B}}$（G, M, I^c）到 OEL（G, M, I）的保 ∧ 序嵌入。

证明　（1）对于任意的（X, A）$\in\underline{\mathfrak{B}}$（$G$, M, I），定义 φ（（X, A））＝（X,（A, X^{I^c}））。显然，由定理 7.2.1 知 φ 是$\underline{\mathfrak{B}}$（G, M, I）到 OEL（G, M, I）的映射。由 φ 的定义知 φ 是双射。另外，对于任意的（X, A），（Y, B）$\in\underline{\mathfrak{B}}$（$G$, M, I）且（X, A）$\leqslant$（Y, B），故 $X\subseteq Y$，从而（X,（A, X^{I^c}））$\leqslant$（Y,（B, Y^{I^c}）），即 φ（（X, A））$\leqslant\varphi$（（Y, B））。其次，对于任意的（X, A），（Y, B）$\in\underline{\mathfrak{B}}$（$G$, M, I），φ（（X, A）∧（Y, B））＝φ（（$X\cap Y$,（$A\cup B$）^{II}）），且 φ（（X, A））∧φ（（Y, B））＝（X,（A, X^{I^c}））∧（Y,（B, Y^{I^c}））＝（$X\cap Y$,（（A, X^{I^c}）∪（B, Y^{I^c}）$^{><}$）。显然，φ（（X, A）∧（Y, B））＝φ（（X, A））∧φ（（Y, B））。综上所述，φ 是$\underline{\mathfrak{B}}$（G, M, I）到 OEL（G, M, I）的保 ∧ 序嵌入。

（2）根据（1）的证明，对于任意的（Y, B）$\in\underline{\mathfrak{B}}$（$G$, M, I^c），

定义 $\phi((Y,B))=(Y,(Y^{I},B))$，类似可证 ϕ 是 $\underline{\mathcal{B}}(G,M,I^{c})$ 到 $OEL(G,M,I)$ 的保 $\wedge$ 序嵌入。

下面，我们将通过列子说明上述保 $\wedge$ 序嵌入并不保 $\vee$。

例7.2.2 形式背景 (G,M,I) 如表7-3所示且其补背景 (G,M,I^{c}) 如表7-4所示。对象集 $G=\{1,2,3\}$，属性集 $M=\{a,b,c,d,e\}$。相应的概念格 $\underline{\mathcal{B}}(G,M,I)$，$\underline{\mathcal{B}}(G,M,I^{c})$ 及 $OEL(G,M,I)$ 分别如图7-4、图7-5、图7-6所示。因为 $\varphi((1,ab)\vee(3,cd))=\varphi((123,\emptyset))=(123,(\emptyset,\emptyset))$，而 $\varphi((1,ab))\vee\varphi((3,cd))=(1,(ab,cde))\vee(3,(cd,abe))=(13,(\emptyset,e))$。显然 $\varphi((1,ab)\vee(3,cd))\neq\varphi((1,ab))\vee\varphi((3,cd))$。

表7-3 形式背景 (G,M,I)

G	a	b	c	d	e
1	×	×			
2		×	×		×
3			×	×	

表7-4 表7-3的补背景 (G,M,I^{c})

G	a	b	c	d	e
1			×	×	×
2	×			×	
3	×	×			×

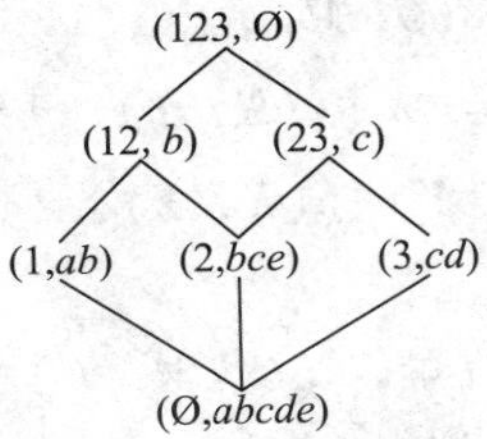

图 7－4　表 7－3 的概念格 $\underline{\mathcal{B}}(G, M, I)$

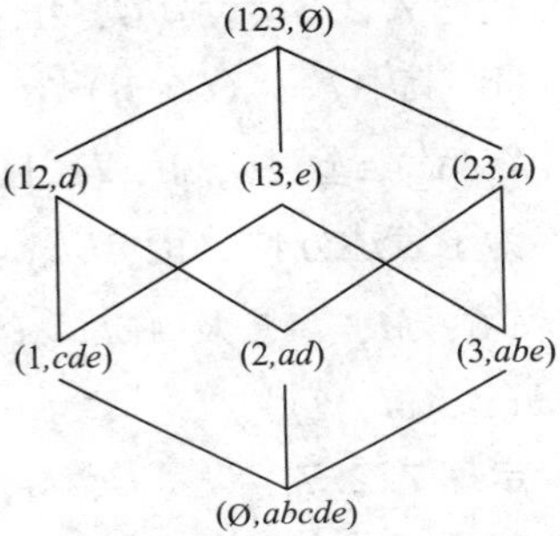

图 7－5　表 7－4 的概念格 $\underline{\mathcal{B}}(G, M, I^c)$

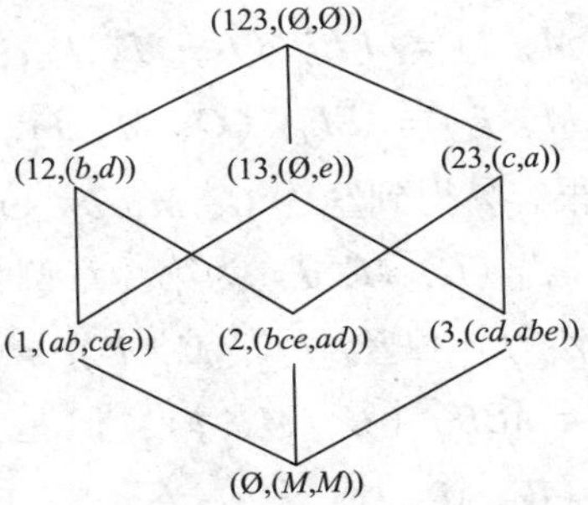

图 7－6　表 7－3 的三支概念格 $OEL(G, M, I)$

7.2.2　经典概念格与属性诱导的三支概念格的关系

类似于第 7.2.1 节，本节将研究经典概念格与属性诱导的三支概念格的关系。由于在形式背景中对象集与属性集的对偶性，我们可得到了如下类似的结论，故省略了相应结论的证明。

定理 7.2.5　设 (G, M, I) 为形式背景，(G, M, I^c) 为其补背景，其中 $I^c = (G \times M) \setminus I$。若 $(X, A) \in \underline{\mathcal{B}}(G, M, I)$ 及 $(Y, B) \in \underline{\mathcal{B}}(G, M, I^c)$，则 $((X, A^{I^c}), A) \in AEL(G, M, I)$ 且 $((B^I, Y), B) \in AEL(G, M, I)$。

定理 7.2.6 设 (G, M, I) 为形式背景，(G, M, I^c) 为其补背景，其中 $I^c = (G \times M) \setminus I$。若 $((X, Y), A) \in AEL(G, M, I)$，则 $(X, X^I) \in \underline{\mathfrak{B}}(G, M, I)$ 且 $(Y, Y^{I^c}) \in \underline{\mathfrak{B}}(G, M, I^c)$。

为了表述方便，记 $AEL_G^+(G, M, I) = \{X \mid ((X, Y), A) \in AEL(G, M, I)\}$ 及 $AEL_G^-(G, M, I) = \{Y \mid ((X, Y), A) \in AEL(G, M, I)\}$。

定理 7.2.7 设 (G, M, I) 为形式背景，(G, M, I^c) 为其补背景，其中 $I^c = (G \times M) \setminus I$。则下列式子成立：

(1) $\underline{\mathfrak{B}}_M(G, M, I) \subseteq AEL_M(G, M, I)$；

(2) $\underline{\mathfrak{B}}_M(G, M, I^c) \subseteq AEL_M(G, M, I)$；

(3) $\underline{\mathfrak{B}}_G(G, M, I) = AEL_G^+(G, M, I)$；

(4) $\underline{\mathfrak{B}}_G(G, M, I^c) = AEL_G^-(G, M, I)$。

由定理 7.2.7 很容易得到 $\underline{\mathfrak{B}}_M(G, M, I) \cup \underline{\mathfrak{B}}_M(G, M, I^c) \subseteq AELM(G, M, I)$。若 (G, M, I) 为第 3 章例 3.2.1 中形式背景，则我们有 $\underline{\mathfrak{B}}_M(G, M, I) \cup \underline{\mathfrak{B}}_M(G, M, I^c) \neq AEL_M(G, M, I)$。因为 $\{a, b, e\} \in AEL_M(G, M, I)$，但是 $\{a, b, e\} \notin \underline{\mathfrak{B}}_M(G, M, I) \cup \underline{\mathfrak{B}}_M(G, M, I^c)$。

类似于第 7.2.1 节，经典概念格与属性诱导的三支概念格在代数结构上有着紧密的关系，如下所示。

定理 7.2.8 设 (G, M, I) 为形式背景，(G, M, I^c) 为其补背景，其中 $I^c = (G \times M) \setminus I$。则下列说法成立：

(1) 存在 $\underline{\mathfrak{B}}(G, M, I)$ 到 $AEL(G, M, I)$ 的保 $\vee$ 序嵌入；

(2) 存在 $\underline{\mathfrak{B}}(G, M, I^c)$ 到 $AEL(G, M, I)$ 的保 $\vee$ 序嵌入。

类似于第 7.2.1 节，根据对象集与属性集的对偶性，通过例 7.2.2，我们很容易知定理 7.2.8 中的保 $\vee$ 序嵌入并不是保 $\wedge$ 序嵌入。

7.3 面向对象（属性）概念格与三支面向对象（属性）概念格的关系

设 (G, M, I) 为形式背景，(G, M, I^c) 为其补背景，其中 $I^c = (G \times M) \setminus I$。在这节中，我们将分别研究 $L_o(G, M, I)$ 与 $OEOL(G, M, I)$，$L_p(G, M, I)$ 与 $AEPL(G, M, I)$ 之间的关系。

7.3.1 面向对象概念格与三支面向对象概念格的关系

本节中，我们研究 $L_o(G, M, I)$，$L_o(G, M, I^c)$ 与 $OEOL(G, M, I)$ 的关系。首先，研究元素与元素间的转化关系。

定理 7.3.1 设 (G, M, I) 为形式背景，(G, M, I^c) 为其补背景，其中 $I^c = (G \times M) \setminus I$。若 $(X, A) \in L_o(G, M, I)$ 及 $(Y, B) \in L_o(G, M, I^c)$，则 $(X, (A, X^{\overline{\square}})) \in OEOL(G, M, I)$ 且 $(Y, (Y^{\square}, B)) \in OEOL(G, M, I)$。

证明 因为 $(X, A) \in L_o(G, M, I)$，所以 $X^{\square} = A$，$A^{\diamond} = X$。由算子性质知，$X^{\overline{\square}\overline{\diamond}} \subseteq X$。因此，$A^{\diamond} \cup X^{\overline{\square}\overline{\diamond}} = X \cup X^{\overline{\square}\overline{\diamond}} = X$。由 OEO－概念的定义知，$(X, (A, X^{\overline{\square}}))$ 是 OEO－概念。同理可证，若 $(Y, B) \in L_o(G, M, I^c)$，$(Y, (Y^{\square}, B))$ 是 OEO－概念。

定理 7.3.2 设 (G, M, I) 为形式背景。(G, M, I^c) 为其补背景，其中 $I^c = (G \times M) \setminus I$。若 $(X, (A, B)) \in OEOL(G, M, I)$，则 $(A^{\diamond}, A) \in L_o(G, M, I)$ 且 $(B^{\overline{\diamond}}, B) \in L_o(G, M, I^c)$。

证明 因为 $(X, (A, B)) \in OEOL(G, M, I)$，所以由 OEO－概念的定义知，$X^{\square} = A$，$X^{\overline{\square}} = B$ 且 $A^{\diamond} \cup B^{\overline{\diamond}} = X$。因此

$(A^{\Diamond})^{\Box}=((X^{\Box})^{\Diamond})^{\Box}=X^{\Box\Diamond\Box}=X^{\Box}=A$，因此，$(A^{\Diamond},\ A)\in L_o(G,\ M,\ I)$。同理可得 $(B^{\overline{\Diamond}},\ B)\in L_o(G,\ M,\ I^c)$。

其次，研究集合 $L_o(G,\ M,\ I)$，$L_o(G,\ M,\ I^c)$ 与 $OEOL(G,\ M,\ I)$ 之间的关系。为了表述方便，记 $OEOL_M^+(G,\ M,\ I)=\{A\mid(X,\ (A,\ B))\in OEOL(G,\ M,\ I)\}$ 及 $OEOL_M^-(G,\ M,\ I)=\{B\mid(X,\ (A,\ B))\in OEOL(G,\ M,\ I)\}$。

定理 7.3.3 设 $(G,\ M,\ I)$ 为形式背景，$(G,\ M,\ I^c)$ 为其补背景，其中 $I^c=(G\times M)\setminus I$。则下列式子成立：

(1) $L_{oG}(G,\ M,\ I)\subseteq OEOL_G(G,\ M,\ I)$；

(2) $L_{oG}(G,\ M,\ I^c)\subseteq OEOL_G(G,\ M,\ I)$；

(3) $L_{oM}(G,\ M,\ I)=OEOL_M^+(G,\ M,\ I)$；

(4) $L_{oM}(G,\ M,\ I^c)=OEOL_M^-(G,\ M,\ I)$。

证明 (1) 对于任意的 $X\in L_{oG}(G,\ M,\ I)$，故 $(X,\ X^{\Box})\in\underline{\mathcal{B}}(G,\ M,\ I)$。由定理 7.3.1 知 $(X,\ (X^{\Box},\ X^{\overline{\Box}}))\in OEOL(G,\ M,\ I)$。故 $X\in OEOL_G(G,\ M,\ I)$。因此，$L_{oG}(G,\ M,\ I)\subseteq OEOL_G(G,\ M,\ I)$。

(2) $L_{oG}(G,\ M,\ I^c)\subseteq OEL_G(G,\ M,\ I)$ 类似 (1) 证明。

(3) 对于任意的 $A\in L_{oM}(G,\ M,\ I)$，故 $(A^{\Diamond},\ A)\in L_o(G,\ M,\ I)$。由定理7.3.1 知 $(A^{\Diamond},\ (A,\ A^{\Diamond\overline{\Box}}))\in OEOL(G,\ M,\ I)$。故 $A\in OEOL_M^+(G,\ M,\ I)$。因此，$L_{oM}(G,\ M,\ I)\subseteq OEOL_M^+(G,\ M,\ I)$。另外，对于任意的 $A\in OEOL_M^+(G,\ M,\ I)$，存在 $X\subseteq G$，$B\subseteq M$ 使得 $(X,\ (A,\ B))\in OEOL(G,\ M,\ I)$。由定理 7.3.2 知 $(A^{\Diamond},\ A)\in L_o(G,\ M,\ I)$。故 $A\in L_{oM}(G,\ M,\ I)$。从而 $L_{oM}(G,\ M,\ I)\supseteq OEOL_M^+(G,\ M,\ I)$。因此，$L_{oM}(G,\ M,\ I)=OEOL_M^+(G,\ M,\ I)$。

(4) $L_{oM}(G,\ M,\ I^c)=OEOL_M^-(G,\ M,\ I)$ 类似 (3) 证明。

最后，我们将从代数结构上探讨 $L_o(G, M, I)$，$L_o(G, M, I^c)$ 与 $OEOL(G, M, I)$ 的关系。

定理 7.3.4　设 (G, M, I) 为形式背景，(G, M, I^c) 为其补背景，其中 $I^c = (G \times M) \setminus I$。则下列说法成立：

(1) 存在 $L_o(G, M, I)$ 到 $OEOL(G, M, I)$ 的保 $\vee$ 序嵌入；

(2) 存在 $L_o(G, M, I^c)$ 到 $OEOL(G, M, I)$ 的保 $\vee$ 序嵌入。

证明　(1) 对于任意的 $(X, A) \in L_o(G, M, I)$，定义 $\varphi((X, A)) = (X, (A, X^{\overline{\Box}}))$。显然，由定理 7.3.1 知 φ 是 $L_o(G, M, I)$ 到 $OEOL(G, M, I)$ 的映射。由 φ 的定义知 φ 是双射。另外，对于任意的 (X, A)，$(Y, B) \in L_o(G, M, I)$ 且 $(X, A) \leqslant (Y, B)$，故 $X \subseteq Y$，从而 $(X, (A, X^{I^c})) \leqslant (Y, (B, Y^{I^c}))$，即 $\varphi((X, A)) \leqslant \varphi((Y, B))$。其次，对于任意的 (X, A)，$(Y, B) \in L_o(G, M, I)$，$\varphi((X, A) \vee (Y, B)) = \varphi((X \cup Y, (A \cup B)^{\Diamond\Box}))$，且 $\varphi((X, A)) \vee \varphi((Y, B)) = (X, (A, X^{\overline{\Box}})) \wedge (Y, (B, Y^{\overline{\Box}})) = (X \vee Y, ((A, X^{\overline{\Box}}) \cup (B, Y^{\overline{\Box}})^{\lhd\rhd})$。显然，$\varphi((X, A) \vee (Y, B)) = \varphi((X, A)) \vee \varphi((Y, B))$。综上所述，$\varphi$ 是 $L_o(G, M, I)$ 到 $OEOL(G, M, I)$ 的保 $\vee$ 序嵌入。

(2) 根据 (1) 的证明，对于任意的 $(Y, B) \in L_o(G, M, I^c)$，定义 $\phi((Y, B)) = (Y, (Y^{\Box}, B))$，类似可证 ϕ 是 $L_o(G, M, I^c)$ 到 $OEOL(G, M, I)$ 的保 $\vee$ 序嵌入。

7.3.2　面向属性概念格与三支面向属性概念格的关系

类似于第 7.3.1 节，在此小节中，我们将依次从元素，集合及代数结构的角度给出面向对象概念格与对象诱导的三支面向对象概念格的关系。由于对象集与属性集间的对偶性，我们省略了相关结论的证明过程。

定理 7.3.5 设 (G, M, I) 为形式背景，(G, M, I^c) 为其补背景，其中 $I^c = (G \times M) \setminus I$。若 $(X, A) \in L_p(G, M, I)$ 及 $(Y, B) \in L_p(G, M, I^c)$，则 $((X, A^{\overline{\square}}), A) \in AEPL(G, M, I)$ 且 $((B^{\square}, Y), B) \in AEPL(G, M, I)$。

定理 7.3.6 设 (G, M, I) 为形式背景，(G, M, I^c) 为其补背景，其中 $I^c = (G \times M) \setminus I$。若 $((X, Y), A) \in AEPL(G, M, I)$，则 $(X, X^{\diamond}) \in L_p(G, M, I)$ 且 $(Y, Y^{\overline{\diamond}}) \in L_p(G, M, I^c)$。

为了表述方便，记 $AEPL_G^+(G, M, I) = \{X \mid ((X, Y), A) \in AEPL(G, M, I)\}$ 及 $AEPL_G^-(G, M, I) = \{Y \mid ((X, Y), A) \in AEPL(G, M, I)\}$。

定理 7.3.7 设 (G, M, I) 为形式背景，(G, M, I^c) 为其补背景，其中 $I^c = (G \times M) \setminus I$。则下列式子成立：

(1) $L_{pM}(G, M, I) \subseteq AEPL_M(G, M, I)$；

(2) $L_{pM}(G, M, I^c) \subseteq AEPL_M(G, M, I)$；

(3) $L_{pG}(G, M, I) = AEPL_G^+(G, M, I)$；

(4) $L_{pG}(G, M, I^c) = AEPL_G^-(G, M, I)$。

定理 7.3.5 与定理 7.3.7 分别在元素及集合整体上研究了面向属性概念格与三支面向属性概念格间的关系。下面，我们将从代数结构上探讨两者间的关系。

定理 7.3.8 设 (G, M, I) 为形式背景，(G, M, I^c) 为其补背景，其中 $I^c = (G \times M) \setminus I$。则下列说法成立：

(1) 存在 $L_p(G, M, I)$ 到 $AEPL(G, M, I)$ 的保 $\vee$ 序嵌入；

(2) 存在 $L_p(G, M, I^c)$ 到 $AEPL(G, M, I)$ 的保 $\vee$ 序嵌入。

7.4 三支概念格与三支面向对象（属性）概念格的关系

这一节，我们将讨论三支概念格与三支面向对象（属性）概念格的关系。

设 $k_1=(G, M, I)$ 为形式背景，$k_2=(G, M, I^c)$ 为其补背景。在第3章，为了构造对象诱导的三支概念格及属性诱导的三支概念格，我们利用 k_1 与 k_2 的同构背景分别定义了Ⅰ-型混合形式背景 k_O 与Ⅱ-型混合形式背景 k_A，并证明了$\underline{\mathcal{B}}$（k_O）与 OEL（G, M, I）同构且$\underline{\mathcal{B}}$（k_A）与 AEL（G, M, I）同构。记Ⅰ-型混合形式背景 k_O 的补背景为 k_O^c 与Ⅱ-型混合形式背景 k_A 的补背景为 k_A^c，观察Ⅰ-型混合形式背景 k_O 与Ⅱ-型混合形式背景 k_A，根据 Wille 在文献中提出的同构背景的定义，我们很容易证明 k_O 与 k_O^c 是同构的，及 k_A 与 k_A^c 是同构的。另外，Wille 在文献中不仅提出了同构背景的定义，还证明了同构背景所具有的概念格是同构的。从而我们很容易得到$\underline{\mathcal{B}}$（k_O）与$\underline{\mathcal{B}}$（k_O^c）同构且$\underline{\mathcal{B}}$（k_A）与$\underline{\mathcal{B}}$（k_A^c）同构。另外，Yao 在文献中，证明了补背景的概念格与原背景的面向属性概念格同构且补背景的概念格与原背景的面向对象概念格反同构（如定理1.2.2所示）。从而，我们很容易得到$\underline{\mathcal{B}}$（k_O^c）与 L_o（k_O）反同构，$\underline{\mathcal{B}}$（k_O^c）与 L_p（k_O）同构，$\underline{\mathcal{B}}$（k_A^c）与 L_o（k_A）反同构，$\underline{\mathcal{B}}$（k_A^c）与 L_p（k_A）同构。同时，类似于第3章中对三支概念格的研究，我们在第4章中还证明了 L_o（k_O）与 $OEOL$（G, M, I）同构且 L_p（k_A）与 $AEPL$（G, M, I）同构。

我们将上面的叙述总结如下，并进一步得到三支概念格与三支面向对象（属性）概念格的关系。

定理7.4.1 设（G, M, I）为形式背景，（G, M, I^c）为

其补背景，其中 $I^c = (G\times M)\setminus I$。则下列说法成立：

（1）$OEL(G, M, I)\cong\underline{\mathcal{B}}(k_O)$；

（2）$\underline{\mathcal{B}}(k_O)\cong\underline{\mathcal{B}}(k_O^c)$；

（3）$\underline{\mathcal{B}}(k_O^c)\overleftarrow{\cong}L_o(k_O)$；

（4）$L_o(k_O)\cong OEOL(G, M, I)$。

推论 7.4.1 设 (G, M, I) 为形式背景，(G, M, I^c) 为其补背景，其中 $I^c = (G\times M)\setminus I$。则 $OEL(G, M, I)\overleftarrow{\cong}OEOL(G, M, I)$。

通过观察图 1－5 与图 4－1，我们可以验证推论 7.4.1 的正确性。事实上，对于任意的 $(X, (A, B))\in OEL(G, M, I)$，定义 φ: $OEL(G, M, I)\rightarrow OEOL(G, M, I)$ 为 $\varphi((X, (A, B))) = (X^c, (B, A))$。我们很容易证明 φ 就是 $OEL(G, M, I)$ 与 $OEOL(G, M, I)$ 之间的同构映射。

定理 7.4.2 设 (G, M, I) 为形式背景，(G, M, I^c) 为其补背景，其中 $I^c = (G\times M)\setminus I$。则下列说法成立：

（1）$AEL(G, M, I)\cong\underline{\mathcal{B}}(k_A)$；

（2）$\underline{\mathcal{B}}(k_A)\cong\underline{\mathcal{B}}(k_A^c)$；

（3）$\underline{\mathcal{B}}(k_A^c)\cong L_p(k_A)$；

（4）$L_p(k_A)\cong AEPL(G, M, I)$。

推论 7.4.2 设 (G, M, I) 为形式背景，(G, M, I^c) 为其补背景，其中 $I^c = (G\times M)\setminus I$。则 $AEL(G, M, I)\cong AEPL(G, M, I)$。

通过图 1－6 与图 4－2，我们可以验证推论 7.4.2 的正确性。类似地，对于任意的 $((X, Y), A)\in AEL(G, M, I)$，定义 φ: $AEL(G, M, I)\rightarrow AEPL(G, M, I)$ 为 $\varphi(((X, Y), A)) = ((Y, X), A^c)$。我们也很容易证明 φ 就是 $AEL(G, M, I)$ 与 $AEPL(G, M, I)$ 之间的同构映射。

7.5 三支概念格与 L-模糊三支概念格之间的关系

第 3 章三支概念格与第 5 章 L-模糊三支概念格基本理论，我们很容易得到两者之间的关系。

设 $L=\{0, 1\}$，很容易证明 $Y^{+}=\{y\in M \mid \forall x\in X, (x, y)\in I\}$，$Y^{-}=\{y\in M \mid \forall x\in X, (x, y)\in I^{c}\}$。类似，我们得到 $(Y^{+}, Y^{-})^{\downarrow_T}=\{x\in G \mid \forall y_1\in Y^{+}, (x, y_1)\in I, \forall y_2\in Y^{-}, (x, y_2)\in I^{c}\}$。显然，$(\uparrow_T, \downarrow_T)=(*_T, *_T)$。由此可知，由对象诱导的 L-模糊三支概念分析是对象诱导的三支概念分析的推广。类似地，$L=\{0, 1\}$，由属性诱导的 L-模糊三支概念分析是属性诱导的三支概念分析的推广。

7.6 概念格与区间形式的概念格之间的关系

我们从元素、集合、代数结构的角度研究了经典概念格与区间集概念格、面向属性（对象）概念格与面向属性（对象）区间集概念格之间的关系（具体内容见第 6 章 6.2.1 节、6.3.1 节、6.3.2 节）。

下面我们具体给出面向属性区间集概念格与面向对象区间集概念格之间的关系，证明了面向属性区间集概念格与面向对象区间集概念格是反序同构的。

定理 7.6.1 设 (G, M, I) 为一形式背景，$PIL(G, M, I)$ 为其相应的面向对象区间集概念格，$OIL(G, M, I)$ 为其相应的面向属性区间集概念格，则 $PIL(G, M, I)$ 与 $OIL(G, M, I)$ 是反序同构的。

证明 对于任意 $([X_1, X_2],[A_1, A_2])\in PIL(G, M, I)$，

定义$f([X_1, X_2],[A_1, A_2])=([X_2^c, X_1^c],[X_2^{c\Box}, X_1^{c\Box}])$。首先证明$f$是一个从$PIL(G, M, I)$到$OIL(G, M, I)$的一个映射。即要证明$([X_2^c, X_1^c],[X_2^{c\Box}, X_1^{c\Box}])\in OIL(G, M, I)$。显然$[X_2^c, X_1^c]^{\blacksquare}=[X_2^{c\Box}, X_1^{c\Box}]$。只需说明$[X_2^{c\Box}, X_1^{c\Box}]^{\blacklozenge}=[X_2^{c\Box\Diamond}, X_1^{c\Box\Diamond}]$，又由$([X_1, X_2],[A_1, A_2])\in PIL(G, M, I)$，即$X_1^{\Diamond}=A_1$，$A_1^{\Box}=X_1$，$X_2^{\Diamond}=A_2$，$A_2^{\Box}=X_2$。

从而$X_2^{\Diamond\Box}=X_2$，$X_1^{\Diamond\Box}=X_1$。所以$X_2^{c\Box\Diamond}=X_2^{\Diamond c\Diamond}=X_2^{\Diamond\Box c}=(X_2^{\Diamond\Box})^c=X_2^c$，即$X_2^{c\Box\Diamond}=X_2^c$，同理，$X_1^{c\Box\Diamond}=X_1^c$。从而$([X_2^c, X_1^c],[X_2^{c\Box}, X_1^{c\Box}])\in OIL(G, M, I)$。因此$f$: $PIL(G, M, I)\rightarrow OIL(G, M, I)$的一个映射。

其次，证明f是一个双映射。对于任意$([X_1, X_2],[A_1, A_2])$，$([Y_1, Y_2],[B_1, B_2])\in PIL(G, M, I)$，若$([X_1, X_2],[A_1, A_2])\neq([Y_1, Y_2],[B_1, B_2])$。即$[X_1, X_2]\neq[Y_1, Y_2]$，至少存在$i$ ($i=1, 2$) 使得$X_i\neq Y_i$，不妨设$X_1\neq Y_1$，故$X_1^C\neq Y_1^C$，从而$([X_2^C, X_1^C]\neq([Y_2^C, Y_1^C]$，因此$([X_1, X_2],[A_1, A_2])\neq([Y_1, Y_2],[B_1, B_2])$，所以$f$是一个单射。

对于任意$([Z_1, Z_2],[C_1, C_2])\in OIL(G, M, I)$，下证$([Z_2^c, Z_1^c],[Z_2^{c\Diamond}, Z_1^{c\Diamond}])\in PIL(G, M, I)$。因为$([Z_1, Z_2],[C_1, C_2])\in OIL(G, M, I)$，所以$[Z_1, Z_2]^{\blacksquare}=[Z_1^{\Box}, Z_2^{\Box}]$及$[C_1, C_1]^{\blacklozenge}=[C_1^{\Diamond}, C_1^{\Diamond}]$。又因为$[Z_2^c, Z_1^c]^{\blacklozenge}=[Z_2^{c\Diamond}, Z_1^{c\Diamond}]$，$[Z_2^{c\Diamond}, Z_1^{c\Diamond}]^{\blacksquare}=[Z_2^{c\Diamond\Box}, Z_1^{c\Diamond\Box}]=[Z_2^{\Box c\Box}, Z_1^{\Box c\Box}]=[Z_2^{\Box\Diamond c}, Z_1^{\Box\Diamond c}]=[(Z_2^{\Box\Diamond})^c, (Z_1^{\Box\Diamond})^c]$，又因$Z_1^{\Box}=C_1$，$Z_2^{\Box}=C_2$，$C_1^{\Diamond}=Z_1$，$C_2^{\Diamond}=Z_2$，即$Z_1^{\Box\Diamond}=Z_1$，$Z_2^{\Box\Diamond}=Z_2$，从而$[Z_2^{c\Diamond}, Z_1^{c\Diamond}]^{\blacksquare}=[Z_2^c, Z_1^c]$，所以$([Z_2^c, Z_1^c],[Z_2^{c\Diamond}, Z_1^{c\Diamond}])\in PIL(G, M, I)$。从而$f$是一个满射。

最后证明f是反序的。对于任意的$([X_1, X_2],[A_1, A_2])$，

$([Y_1, Y_2],[B_1, B_2]) \in PIL(G, M, I)$，且 $([X_1, X_2],[A_1, A_2]) \subseteq ([Y_1, Y_2],[B_1, B_2])$。即，$[X_1, X_2] \subseteq [Y_1, Y_2]$，从而 $X_1 \subseteq Y_1$ 且 $X_2 \subseteq Y_2$，所以 $X_1^c \supseteq Y_1^c$ 且 $X_2^c \supseteq Y_2^c$。显然有 $[X_2^c, X_1^c] \supseteq [Y_2^c, Y_1^c]$。若 $([X_1, X_2],[A_1, A_2]) \leqslant_{PIL} ([Y_1, Y_2],[B_1, B_2])$，则有 $([X_2^c, X_1^c],[X_2^{c\Box}, X_1^{c\Box}]) \geqslant_{OIL} ([Y_2^c, Y_1^c]\ [Y_2^{c\Box}, Y_1^{c\Box}])$。即 $f([X_1, X_2],[A_1, A_2]) \geqslant_{OILf} ([Y_1, Y_2],[B_1, B_2])$。

综上，f: $PIL(G, M, I) \rightarrow OIL(G, M, I)$ 是一个反序同构映射。

7.7 小结

本章分别从元素、集合、代数结构的角度讨论了经典概念格与三支概念格，面向对象（属性）概念格与三支面向对象（属性）概念格以及三支概念格与三支面向对象（属性）概念格之间的关系，经典概念格与区间集概念格、面向属性（对象）概念格与面向属性（对象）区间集概念格之间的关系。进一步，证明了面向属性区间集概念格与面向对象区间集概念格是反序同构的。同时，研究了三支概念格与 L-模糊三支概念格之间的关系，并说明了由属性（对象）诱导的 L-模糊三支概念分析是属性（对象）诱导的三支概念分析的推广。

参考文献

[1]Henting H.. Magier oder Magister? uber die Einheit der Wissenschaft im Verstandigungsprozess [C]. Klett, Stuttgart, 1972.

[2]Birkhoff G.. What can lattices do for you? [C]. In: Abbott J. C. (Ed.), Trends in lattice Theory, Van Nostrand Reinhold, NewYork, 1970, 1-40.

[3]Wille R.. Restructuring lattice theory: an approach based on hierarchies of concepts [C]. In: Rival I (Ed.), Ordered Sets, Reidel, Dordrecht, 1982, 445-470.

[4]Ganter B., Wille R.. Formal Concept Analysis: Mathematical Fundations [M]. New York: Springer-Verlag, 1999.

[5]Ganter B.. Two Basic Algorithmsin Concept Analysis [R]. Technical Report 831, Technische Hochschule, Darmstadt, Germany, 1984.

[6]Godin R., Missaoui R., Alaoui, H.. Incremental concept formation algorithms based on Galois (concept) lattices [J]. Computational Intelligence, 1995, 11 (2): 246-267.

[7]Ganter B., Wille R.. Conceptual scaling [C]. In: RobertsF (Ed.), Applications of Combina-torics and Graph Theory to the Biological and Social Sciences, New York: Springer-Verlag, 1989, 139-167.

[8]Ganter B., Reuter K. Finding all closed sets: a general approach [J]. Order, 1991, 8: 283-290.

[9]王志海，胡可云，胡学钢．概念格上规则提取的一般算法与渐进式算法[J]．计算机学报，1999，22 (1)：66-70.

[10]胡可云，陆玉昌，石纯一．概念格及其应用进展[J]．清华大学学报，2000，49 (9)：77-81.

[11]刘宗田．容差近似空间的广义概念格模型研究[J]．计算机学报，2000，23 (1)：66-70.

[12]Nourine L., Raynaud O.. A fast algorithm for building lattices [J]. Infor-

mation Processing Letters, 1999, 71: 199 - 204.

[13] Stumme G., Wille R., Wille U.. Conceptual knowledge discovery in databases using formal concept analysis methods [C]. Proceedings of the Second European Symposium on Principles of Data Mining and Knowledge Discovery, 1998, 450 - 458.

[14] Krajci S.. A generalized concept lattice [J]. Logic Journal of the IGPL, 2005, 13 (5): 543 - 550

[15] Burusco A., Fuentes-Gonzalez R.. Construction of the L-fuzzy concept lattice [J]. Fuzzy Sets and Systems, 1998, 97 (1): 109 - 114.

[16] 王俊红，梁吉业，曲开社. 基于优势关系的概念格 [J]. 计算机科学, 2009, 36 (7): 161 - 163.

[17] Medina J., Ojeda-Aciego M.. Multi-adjoint t-concept lattices [J]. Information Sciences, 2010, 180 (5): 712 - 725.

[18] Wang X.. Approaches to attribute reduction in concept lattices based on rough set theory [J]. International Journal of Hybrid InformationTechnology, 2012, 5 (2): 67 - 80.

[19] Dubois D., Prade H.. Possibility theory and formal concept analysis: characterizing independent sub-contexts [J]. Fuzzy Sets and Systems, 2012, 196: 4 - 16.

[20] Wang X.. Construction of a Unified Model for Formal Contexts and Formal Decision Contexts [J]. International Journal of Database Theory and Application, 2014, 7 (2): 81 - 90.

[21] Wan Q., Wei L.. Approximate Concepts Acquisition Based on Formal Contexts [J]. Knowledge-Based Systems, 2015, 75: 78 - 86.

[22] 胡清华，于达仁，谢宗霞. 基于邻域粒化和粗糙逼近的数值属性约简 [J]. Journal of Software, 2008, 19 (3): 640 - 649.

[23] Wang L. D., Liu X. D.. Concept analysis via rough set and AFS algebra [J]. Information Science, 2008, 178: 4125 - 4137.

[24] 魏玲，祁建军，张文修. 决策形式背景的概念格属性约简 [J]. 中国科学E辑：信息科学, 2008, 38 (2): 195 - 208.

[25] Mi J. S., Leung Y., Wu W. Z.. Approaches to attribute reduction in concept lattices induced by axialities [J]. Knowledge-Based Systems, 2010, 23 (6): 504 - 511.

[26] Aswani Kumar C., Srinivas S.. Concept lattice reduction using fuzzy K-means clustering [J]. Expert Systems with Applications, 2010, 37 (3): 2696 - 2704.

[27] Pei D., Mi J. S.. Attribute reduction in decision formal context based on homomorphism [J]. International Journal of Machine Learning and Cybernetics, 2011, 2 (4): 289 - 293.

[28] Estaji A. A., Hooshmandasl M. R., Davvaz B.. Rough set theory applied to lattice theory [J]. Information Sciences, 2012, 200: 108 - 122.

[29] Poelmans J., Ignatov D. I., Kuznetsov S. O., Dedene G.. Fuzzy and rough formal concept analysis: a survey [J]. International Journal of General Systems, 2014, 43 (2): 105 - 134.

[30] Li J. H., Mei C. L., Xu W. H., Qian Y. H.. Concept learning via granular computing: A cognitive viewpoint [J]. Information Sciences, 2015, 298, 447 - 467.

[31] Shao M. W., Yang H. Z., Wu W. Z.. Knowledge reduction in formal fuzzy contexts [J]. Knowledge-Based Systems, 2015, 73, 265 - 275.

[32] Cole R., Eklund PW.. Scalability in formal concept analysis [J]. Computational Intelligence, 1999, 15: 11 - 27.

[33] Jiang G. Q., Chute C. G.. Auditing the semantic completeness of SNOMED CY using formal concept analysis [J]. Journal of the American Medical Informatics Association, 2009, 16 (1): 89 - 102.

[34] 洪文学，栾景民，张涛，李少雄，闫恩亮. 基于偏序结构理论的知识发现方法 [J]. 燕山大学学报，2014，38 (5)：89 - 102.

[35] Snášel V., Horak Z., Abraham A.. Understanding social networks using formal concept analysis [C]. Proceedings of 2008 IEEE/WIC/ACM International Conference on Web Intelligence and Intelligent Agent Technology, IEEE Press, 2008, 390 - 393.

[36] Qin K., Guan Z. Q., Li D. R., et al.. The methods of remote sensing image mining based on concept lattice [C]. In: Lu HQ, Zhang TX (Eds.), Proceedings of the Third International Symposium on Multispectral Image Processing and Pattern Recognition, 2003, 254 - 259.

[37] Kaytoue M., Kuznetsov S. O., Napoli A., Duplessis S.. Mining gene expression data with pattern structures in formal concept analysis [J]. Information Sciences, 2011, 181 (10): 1989 - 2001.

[38] Ganapathy V., King D., Jaeger T., Jha S.. Mining security sensitive operations in legacy code using concept analysis [C]. Proceedings of the 29th International Conference on Software Engineering, 2007, 458 - 467.

[39] Li W., Wei L.. Data dimension reduction based on concept lattices in image mining [C]. Proceedings of the Sixth International Conference on Fuzzy Systems and Knowledge Discovery, 2009, 369 - 373.

[40] Cho W. C., Richards W.. Improvement of precision and recall for information retrieval in a narrow domain: reuse of concepts by formal concept analysis [C]. In: IEEE/WIC/ACM International Conference on Web Intelligence, 2004, 370 - 376.

[41] Tonella P.. Using a concept lattice of decomposition slices for program understanding and impact analysis [J]. IEEE Transactions on Software Engineering, 2003, 29: 495 - 509.

[42] 谢志鹏，刘宗田．概念格的快速渐进式构造算法 [J]．计算机学报，2002，25 (5): 490 - 496.

[43] Valtchev P, Missaoui R. Building Galois (concept) lattices from parts: generalizingthe incremental methods [C]. In: Delugach H, Stumme G (Eds.), Proceedings of the 9th International Conference on Computational Structures, Lecture Notes in Computer Science, 2001, 2120: 290 - 303.

[44] Fu H, Nguifo EM. A parallel algorithmto generate formal concepts for large data [C]. In: Eklund P (Ed.), Proceedings of the Second International Conference on Formal Concept Analysis, Lecture Notesin Computer Science, 2004, 2961: 394 - 401.

[45]刘宗田，强宇，周文等．一种模糊概念格模糊及其渐进式构造算法[J]．计算机学报，2007，30（2）：184－188.

[46]Bšlohlávek R.，Baets B. D.，Outrata J.，et al.．Computing the lattice of all fixpoints of a fuzzy closure operator [J]. IEEE Transactions on Fuzzy Systems，2010，18（3）：546－557.

[47]Stumme G.，Taouil R.，Bastide Y.，et al.．Computing iceberg concept lattices with TITANIC [J]. Data and Knowledge Engineering，2002，42：189－222.

[48]Outrata J.，Vychodil，V.．Fast algorithm for computing fixpoints of Galois connections induced by object-attribute relational data [J]. Information Sciences. 2012，185，114－127.

[49]刘保相，李言．随机决策形式背景下的概念格构建原理与算法[J]．计算机科学，2013，40（6A）：90－92.

[50]Kuznetsov S.，Obiedkov S.．Comparing performance of algorithms for generating concept lattices [J]. Journal of Experimental and Theoretical Artificial Intelligence，2002，14：189－216.

[51]Stumme G.，Taouil R.，Bastide Y.，et al.．Fast computation of concept lattices using data mining techniques [C]. Proceedings of the 7th International Workshop on Knowledge Representation Meets Databases，2000，129－139.

[52]Krajca P.，Outrata J.，Vychodil V.．Computing formal conceptsby attribute sorting [J]. Fundamenta Informaticae，2012，115（4）：395－417.

[53]Kourie D. G.，Obiedkov S.，Watson B W.，Vander M D.．An increment alalgorithm to construct a lattice of set intersections [J]. Science of Computer Programming，2009，74：128－142.

[54]Vander M. D.，Obiedkov S.，Kourie D.．AddIntent：A new incremental algorithm for constructing concept lattices [J]. In：Concept Lattices，Springer，2004，372－385.

[55]Zou L.，Zhang Z.，Long J.．A fast incremental algorithmfor constructing concept lattices [J]. Expert Systems with Applications，2015，42：4474－4481.

[56] Andrews S.. A "Best-of-Breed" approach for designingafast algorithm for computing fixpoints of Galois Connections [J]. Fundamenta Informaticae, 2015, 295: 633-649.

[57] Krajca P, Outrata J, Vychodil V, . Parallel recursive algorithm for FCA [C]. In: R. Belohavlek, S. Kuznetsov, (Eds.). Proceedings of Concept Latticesand their Applications, 2008.

[58] Andrews S.. In-close, a fast algorithm for computing formal concepts [C]. In: S. Rudolph, F. Dau, S. O. Kuznetsov, (Eds.). ICCS 2009, CEUR-WS, 2009, 483: 10-17.

[59] Andrews S.. In-close2, a high performance formal concept miner [C]. In: S. Andrews, S. Polovina, R. Hill, B. Akhgar (Eds.). Conceptual Structures for Discovering Knowledge-Proceedings of the 19th International Conference on Conceptual Structures (ICCS), Springer, 2011, 50-62.

[60] Bělohlávek R., Vychodil V.. Formal concept analysis with background knowledge: attribute priorities [J]. IEEE Transactions on Systems, Man, and Cybernetics, Part C, 2009, 39 (4): 399-409.

[61] Dias S. M., Vieira N. J.. Reducing the size of concept lattices: the JBOS approach [C]. In: Kryszkiewicz M, Obiedkov S (Eds.), Proceedings of the Seventh International Conference on Concept Lattices and Their Applications, 2010, 80-91.

[62] Zhang W. X., Wei L., Qi J. J.. Attribute reduction theory and approach to concept lattice [J]. Science in China Series F-Information Science, 2005, 48 (6): 713-726.

[63] 魏玲. 粗糙集与概念格约简理论与方法 [D]. 西安: 西安交通大学, 2005.

[64] Liu M., Shao M. W., Zhang W. X., et al. Reduction method for concept lattices based on rough set theory and its application [J]. Computers and Mathematics with Applications, 2007, 53 (9): 1390-1410.

[65] Medina J.. Relating attribute reduction in formal, object-oriented and property-oriented concept lattices [J]. Computers and Mathematics with Applica-

tions, 2012, 64: 1992 - 2002.

[66] Wang X., Ma J. M.. A novel approachto attribute reduction in concept lattices [C]. Proceedings of RSKT 2006, Lecture Notes in Artificial Intelligence, 2006, 4062: 522 - 529.

[67] Wang X., Zhang W. X.. Relations of attribute reduction between object and property oriented concept lattices [J]. Knowledge-Based Systems, 2008, 21: 398 - 403.

[68] LiT. J., Li M. Z., Gao Y.. Attribute reduction of concept lattice based on irreducible elements [J]. International Journal of Wavelets, Multiresolution and Information Processing, 2013, 11 (6): 10 - 18.

[69] Wu W. Z., Leung Y., Mi J. S.. Granular computing and knowledge reductionin formal contexts [J]. IEEE Transactions on Knowledge and Data Engineering, 2009, 21 (10): 1461 - 1474.

[70] Bělohlávek R, Macko J. Selecting important conceptsusing weights [C]. In: Valtchev P, Jäschke R (Eds.). Proceedings of the 9th International Conference on Formal Concept Analysis, Lecture Notesin Computer Science, 2011, 6628: 65 - 80.

[71] Wei L., Qi J. J.. Relation between concept lattice reduction and rough set reduction [J]. Knowledge-Based Systems, 2010, 23 (8): 934 - 938.

[72] Li T. J., Wu W. Z.. Attribute reduction in formal contexts: a covering roughset approach [J]. Fundamenta Informaticae, 2011, 111: 15 - 32.

[73] Li L. F., Zhang J. K.. Attribute reduction in fuzzy concept lattices based on T implication [J]. Knowledge-Based Systems, 2010, 23 (6): 497 - 503.

[74] Wan Q., Wei L.. Attribute Reduction Basedon Property Pictorial Diagram [J]. The Scientific World Journal, 2014, 1 - 7.

[75] 梁新月，万青，魏玲．面向属性（对象）概念格基于直观图的保并（交）约简［J］．西北大学学报（自然科学版），2015，45（3）：357 - 364.

[76] 张文修，仇国芳．基于粗糙集的不确定决策［M］．北京：清华大学出版社，2005.

[77] Guigues J. L. , Duquenne V. . Famille minimales d' implications informatives resultant d' un tableau de donn′ ees binaries [J]. Math′ ematiques et Sciences Humaines, 1986, 95: 5 – 18.

[78] Godin R. , Missaoui R. . An incremental concept formation approach for learning from databases [J]. Theoretical Computer Science, 1994, 133: 387 – 419.

[79] Pasquier N. , Bastide Y. , Taouil R. , et al. . Discovering frequent closed itemsets for association rules [C]. Proceedings of the 7th International Conference on Database Theory, 1999, 398 – 416.

[80] 梁吉业, 王俊红. 基于概念格的规则产生集挖掘算法 [J]. 计算机研究于发展, 2004, 41 (8): 1339 – 1344.

[81] Qu K. S. , Zhai Y. H. , Liang J. Y. , etal. . Study of decision implications basedon formal concept analysis [J]. International Journal of General Systems, 2007, 36 (2): 147 – 156.

[82] Li J. H. , Mei C. L. , Lv Y. . Incomplete decision contexts: approximate concept construction, rule acquisition and knowledge reduction [J]. International Journal of Approximation Reasoning, 2013, 54 (1): 149 – 165.

[83] Shao M. W. , Leung Y. , Wu W. Z. . Rule acquisition and complexity reduction in formal decision contexts [J]. International Journal of Approximate Reasoning, 2014, 55: 259 – 274.

[84] Zhang X. , Mei C. L. , Chen D. G, Li J. H. . Multi-confidence rule acquisition and confidence-preserved attribute reduction in interval-valued decision systems [J]. International Journal of Approximate Reasoning, 2014, 55: 1787 – 1804.

[85] Li J. H. , Ren Y. , Mei C. L. , Qian Y. H, Yang X. B. . A comparative study of multigranulation rough sets and concept lattices via rule acquisition [J]. Knowledge-Based Systems, 2016, 91: 152 – 164.

[86] 朱治春, 魏玲. 基于类背景的双向规则的获取 [J]. 西北大学学报（自然科学版), 2015, 45 (4): 517 – 524.

[87] Zhai Y. H. , Li D. Y. , Qu K. S. . Decision implication canonical basis: a

logical perspective [J]. Journal of Computer and System Sciences, 2015, 81: 208 - 218.

[88] DüntschI., Gediga G.. Modal-style operatorsin qualitative data analysis [C]. Proceedings of 2002 IEEE International Conference on Data Mining, IEEE Press, 2002, 155 - 162.

[89] Yao Y. Y.. Concept lattices in rough set theory [C]. Proceedings of 2004 Annual Meeting of the North American Fuzzy Information Processing Society, 2004, 796 - 801.

[90] Yao Y. Y. Acomparativestudy of formal concept analysis and rough set theory in data analysis [C]. In: Tsumoto S, et al. (Eds.), Proceedings of the 4th International Conference on Rough Sets and Current Trends in Computing, Lecture Notes in Artificial Intelligence, 2004, 3066: 59 - 68.

[91] Bělohlávek R.. Fuzzy Galois connections [J]. Mathematical Logic Quarterly, 1999, 45 (4): 497 - 504.

[92] Bělohlávek R.. Concept lattices and order in fuzzy logic [J]. Annals of Pure and Applied Logic, 2004, 128 (1 - 3): 277 - 298.

[93] Formica A.. Semantic Web search based on rough sets and Fuzzy Formal Concept Analysis [J]. Knowledge-Based Systems, 2012, 26: 40 - 47.

[94] Li K. W., ShaoM. W., Wu W. Z.. Adata reduction method in formal fuzzy contexts [J]. International Journal of Machine Learning and Cybernetics, 2016, DOI: 10.1007/s13042 - 015 - 0485 - 8.

[95] Medina J., Ojeda M., Ruiz J.. Formal concept analysis via multi-adjoint concept lattices [J]. Fuzzy Sets and Systems, 2009, 160 (2): 130 - 144.

[96] Cornejo J., Medina J., Ramirez-Poussa E.. On the use of irreducible elements for reducing multi-adjoint concept lattices [J]. Knowledge-Based Systems, 2015, 89: 192 - 202.

[97] Deogun, J. S., Saqer, J.. Monotone concepts for formal concept analysis [J]. Discrete Applied Mathematics, 2004, 144: 70 - 78.

[98] Qi J. J., Wei L., Yao Y. Y.. Three-Way Formal Concept Analysis [C]. Rough Set and Knowledge Technology, Spring International Publishing: vol-

ume 8818 of Lecture Notes in Computer Science, 2014, 732 – 741.

[99] Xiaoli He, Ling Wei, Yanhong She. *L*-fuzzy concept analysis for three way decisions: basic definitions and fuzzy inference mechanisms [J]. International Journal of Machine Learning and Cybernetics, 2018, 9 (11), 1857 – 1867.

[100] 贺晓丽. 多粒度环境下的知识获取理论 [D]. 西北大学, 2018.

[101] YaoY. Y.. Interval sets and interval-set algebras [C]. Cognitive Informatics, 2009. ICCI' 09. 8th IEEE International Conference on. IEEE, 2009: 307 – 314.

[102] 徐伟华, 李金海, 魏玲等. 形式概念分析: 理论与应用 [M]. 科学出版社 (自然科学版), 2016, 69 – 88.

[103] 钱婷, 贺晓丽. 区间集概念格的构造. 西北大学学报 (自然科学版), 2017, 47 (3): 330 – 335.

[104] Yao Y. Y.. Interval sets and three-way concept analysis in incomplete contexts [J]. International Journal of Machine Learning and Cybernetics, 2017, 8 (1): 3 – 20.

[105] 贺晓丽, 魏玲, 钱婷. 面向属性区间集概念格, 计算机与科学探索, 2018, 12 (9): 1506 – 1507.

[106] Wille R.. Restructuring mathematical logic: an approach based on Peirce's pragmatism [J]. In: Agliano, Ursini: International Conference on Logic and Algebra, Siena 1994 (to appear).

[107] Wille R.. The basic theorem of triadic concept analysis [J]. Order, 1995, 12 (2): 149 – 158.

[108] GlodeanuC.. Factorization methods of binary, triadic, real and fuzzy data [J]. Informatica, 2011, 2: 81 – 86.

[109] Bělohlávek R., Osicka P.. Triadic concept lattices of data with graded attributes [J]. International Journal of General System, 2012, 41 (2): 93 – 108.

[110] Osicka P.. Concept analysis of three-way ordinal matrices [D]. Olomouc: Palacky University, 2012.

[111] Konecny J., Osicka P.. Triadic concept lattices in the framework of aggregation struction [J]. Information Science, 2014, 279: 512 - 527.

[112] 魏玲，万青，钱婷，祁建军. 三元概念分析综述 [J]. 西北大学学报（自然科学版），2014，44（5）：689 - 699.

[113] Tang Y. Q., Fan M., Li J. H.. An information fusion technology for triadic decision contexts [J]. International Journal of Machine Learning and Cybernetics, 2015, 1 - 12.

[114] Qi J. J., Wei L., Li Z. Z.. Apartitional view of concept lattice [C]. RoughSet, Fuzzy Set, Data Mining, and Granular Computing, Spring Berlin Heidelberg: volume 3641 of Lecture Notes in Computer Science, 2005, 3641: 74 - 83.

[115] Qi J. J., Liu W., Wei L.. Computing the set of concepts through the oomposition and decomposition of formal contexts [C]. International conference on Machine Learning and Cybernetics, 2012, 1 - 6.

[116] Yao Y. Y.. An outline of a theory of three-way decisions [C]. Rough Set and Knowledge Technology, Spring International Publishing: volume 7413 of Lecture Notes in Computer Science, 2012, 1 - 17.

[117] Deng X. F., Yao Y. Y.. Decision-theoretic three-way approximations of fuzzy sets [J]. Information Sciences, 2014, 279: 702 - 715.

[118] Zhou B.. Multi-class decision-theoretic rough sets [J]. International Journal of Approximate Reasoning, 2014, 55: 211 - 224.

[119] Liang D. C., Pedrycz W., Liu D., Hu P.. Three-way decisions based on decision-theoretic rough sets under linguistic assessment with the aid of group decision making. Applied Soft Computing, 2015, 29, 256 - 269.

[120] Davey B. A., Priestley H.. Introduction to Lattices and Order [M]. Cambridge University Press, 1990.

[121] Asuncion, A., Newman, D. J.: UCI machine learning repository [P]. University of california, Irvine, School of information and Computer Sciences, http: //www. ics. uci m̃learn M̃LRepository. html, 2007.

[122] Fielding A. H.. Clustering and classification techniques for the biosciences

[D]. Cambridge University Press, London, 2002.

[123] Andrews S., Orphanides C.. FcaBedrock, a formal context creator [J]. Conceptual Structure: From Information to Intelligence, Springer, 2010, 181 – 184.

[124] Yao Y. Y. The superiority of three-way decisionsin probabilistic rough set models [J]. Information Sciences, 2011, 181 (6): 1080 – 1096.

[125] Yao Y. Y. Decision-theoretic rough set models [C]. International Conference on Rough Sets and Knowledge Technology. Springer, Berlin, Heidelberg, 2007: 1 – 12.

[126] Yao Y. Y.. Three-way decision: an interpretation of rulesin rough set theory [C]. International Conference on Rough Sets and Knowledge Technology. Springer, Berlin, Heidelberg, 2009: 642 – 649.

[127] Qi J. J., Qian T., Wei L.. The connections between three-way and classical concept lattices [J]. Knowledge-Based Systems, 2016, 91: 143 – 151.

[128] Li M. Z., Wang G. Y.. Approximate concept construction with three-way decisions and attribute reduction in incomplete contexts [J]. Knowledge-Based Systems, 2016, 91: 165 – 178.

[129] 钱婷. 经典概念格与三支概念格的构造及知识获取理论 [D]. 西北大学, 2016.

[130] Ren R. S., Wei L.. The attribute reductions of three-way concept lattices [J]. Knowledge-Based Systems, 2016, 99: 92 – 102.

[131] 刘琳, 钱婷, 魏玲. 基于属性导出三支概念格的决策背景规则提取 [J]. 西北大学学报 (自然科学版), 2016, 46 (4): 481 – 487.

[132] Ward M., Dilworth R. P.. Residuated lattices [J]. Transactions of the American Mathematical Society, 1939, 45 (3): 335 – 354.

[133] Goguen J. A.. *L*-fuzzy sets [J]. Journal of mathematical analysis and applications, 1967, 18 (1): 145 – 174.

[134] Bělohlávek R.. Fuzzy relational systems: foundations and principles [M]. Springer Science & Business Media, 2012.

[135] Dubois D., Prade H.. Possibility theory [M]. Computational complexi-

ty. Springer, New York, NY, 2012: 2240 – 2252.

[136] Georgescu G., Popescu A.. Non-dual fuzzy connections [J]. Archive for Mathematical Logic, 2004, 43 (8): 1009 – 1039.

[137] Fan S. Q., Zhang W. X., Xu W.. Fuzzy inference based on fuzzy concept-lattice [J]. Fuzzy sets and systems, 2006, 157 (24): 3177 – 3187.

[138] Burmeister P., Holzer R. On the treatment of incomplete knowledge in formal concept analysis [C]. Proceedings of ICCS 2000, LNCS (LNAI), vol 1867, pp 385 – 398.

[139] Ren R. S., Wei L., YaoY. Y.. An analysis of three types of partially-known formal concepts [J]. International Journal of Machine Learning and Cybernetics, 2018, 9 (11), 1767 – 1783.

[140] Bělohlávek R., De Baets B. Konecny J.. Granularity of attributesin formal concept analysis [J]. Information Sciences, 2014, 260: 149 – 170.